"你的全世界来了"科普阅读书系

美食来了

毕经纬 ◎ 编 著

丛书主编：安若水
副 主 编：王竞华 毕经纬
编　　者：毕研波 海 秋 张思源 王水香 马 然
插　　图：支晓光

山西出版传媒集团 山西教育出版社
·太原·

图书在版编目（CIP）数据

美食来了 / 毕经纬编著. -- 太原 ：山西教育出版社，2025. 5
（“你的全世界来了”科普阅读书系 / 安若水主编）
ISBN 978-7-5703-3576-3

Ⅰ. ①美… Ⅱ. ①毕… Ⅲ. ①饮食-文化-世界-青少年读物 Ⅳ. ①TS971. 201-49

中国国家版本馆 CIP 数据核字（2023）第 171715 号

美食来了
MEISHI LAILE

策　　划　李　磊
责任编辑　李　磊　赵海颖
复　　审　韩德平
终　　审　彭琼梅
装帧设计　崔文娟
印装监制　蔡　洁

出版发行　山西出版传媒集团·山西教育出版社
（太原市水西门街馒头巷 7 号　电话：0351-4729801　邮编：030002）
印　　装　山西新华印业有限公司
开　　本　890×1240　1/32
印　　张　5
字　　数　104 千字
版　　次　2025 年 5 月第 1 版　2025 年 5 月第 1 次印刷
书　　号　ISBN 978-7-5703-3576-3
定　　价　23. 00 元

目录

1 茹毛饮血的原始人类 1
2 火 4
3 陶器 7
4 食物的来源——畜牧业 10
5 食物的来源——农业 13
6 口味 16
7 食物×文化 19
8 小麦驯化人类 22
9 水稻的五千年进化史 25
10 小米兴衰史，中国人的神奇作物 28
11 玉米的起源历史 31
12 夏商周：中国饮食文化初步形成时期1 34
13 夏商周：中国饮食文化初步形成时期2 37

14 夏商周的捕捞业 40

15 饮食丰俭——汉 43

16 纵情酒色——魏晋南北朝 46

17 来吧，大融合——隋唐 1 49

18 来吧，大融合——隋唐 2 52

19 丰富多彩——宋代 55

20 风从草原来——元代 58

21 美食海上来——明代 61

22 满汉全席——清代 64

23 中国饮食文化的传播 67

24 日益完善的西餐 70

25 西餐的发展 73

26 各式各样的西餐 76

27 地理大发现带来的食物 79
28 一壶中国酒 82
29 液体面包——啤酒 85
30 葡萄酒的故事 88
31 神奇豆子——咖啡 91
32 美洲的神奇豆子——可可 94
33 巧克力 97
34 过节吃饺子 100
35 大白馒头 103
36 吸溜吸溜吃面条 106
37 筷子的讲究 109
38 别用手，拿叉子 112
39 咕嘟吧，火锅 115

40 奶茶进化论 118
41 酱的演变 121
42 茶 124
43 亚欧大陆桥的焦点——土耳其 127
44 欧洲标准——法国菜 130
45 海盗与自助餐 133
46 日本料理成长史 136
47 贵族的发明、工人的最爱——三明治 139
48 不光有肯德基和麦当劳——汉堡 142
49 意大利人看不上美国人——比萨 145
50 呇呇与娘惹 148
51 太空食品 151
52 美食的意义 154

1 茹毛饮血的原始人类

饮食是人类生存的重要物质基础。远古人类的生活方式和饮食结构与普通的野生动物区别不大。

原始人生活场景

对中国饮食文化的研究，最早可以追溯到中国的旧石器时代。旧石器时代是狩猎采集社会，食物不经过任何加工直接生食。这个时候食物对于人们来说只要能填饱肚子就好，饮食方式和动物几乎没有差别，后世把这种饮食状态称为“茹毛饮血”。根据西汉《礼记·礼运》中记载：“昔者先王……未有火化，食草木之实，鸟兽之肉。饮其血，茹其毛。”东汉班固在《白虎通义》中说：“古之时未有三纲六纪……饥即求食，饱即弃馀。茹毛饮血，而衣皮韦。”由此可知，那时的原始人还不懂得用火，所以饿了只能生吃鸟兽的肉、草木果实等，渴了则是直接饮用凉水和动物的血，冷了就披上猎物的皮或用植物编织的物件，并用石块等作为武器，抵挡野兽的侵袭。在当时，填饱肚子是每个部落繁衍生息的重中之重。

为了更容易地消化生食，远古人类也创造出了一些特色的饮食方法。例如有巢氏就发明了“脍”和“捣”两种方法。这两种方法本质上都是将生肉制成小块，让人能够更方便地消化吸收。

原始人生活场景

因为吃生食，远古人类容易生病，寿命极短。现在我们都知道，加热过的食物相比生食更加健康、安全，也更容易被吸收。可远古人类为什么不使用火来加热食物呢？

这自然也是有原因的。那时，由于动物尸体中磷的燃烧，裸露的煤炭因地表压力引起的自燃，以及森林在极端干燥下因吸收太阳热量而引起的大面积燃烧，原始人类经常可以看到火光，有时还可以见到连续不断的森林大火。但那时的人类不认识火，视其为怪物，认为火不祥，绕火而行，避火而居。

吃生肉我们可以理解，那么饮血是为什么呢？其实远古人喝兽血是有科学依据的。人体每天因为出汗、排泄等新陈代谢会流失大量的盐分，远古人类还没有掌握制盐技术，所以能够获得盐分的重要途径就是饮用一些猎物的血液。

原始人吃生肉、喝兽血，当然也吃野果、喝凉水，那他们不闹肚子吗？其实原始人的胃已经适应了这种饮食习惯，生肉完全可以被消化掉。原始人学会使用火以后，开始吃熟食。熟食比生食容易消化，久而久之，胃的消化能力就下降了。现代人的食物更加精细，胃则远不及原始人，也不能抵抗生肉、凉水中携带的细菌，所以现代人吃生肉、喝凉水就会闹肚子。不过这是一个习惯问题，如果从小就有吃生肉、喝凉水的习惯，胃也会适应，吃生肉、喝凉水也不会闹肚子。

但事实证明，吃生肉、喝凉水对健康非常不利，因为生肉、凉水中携带的细菌会在人体内不断积存，使人的免疫力下降，容易生各种疾病，从而缩短人的寿命，这也是原始人寿命比现代人短的一个重要原因。

2 火

茹毛饮血的原始人从生活习惯上仍然接近野生动物，而现代人的诞生与火的使用息息相关。

对于原始人类而言，身体素质的改变与火的使用密不可分。火的使用改变了原始人类的生存方式，但更重要的是火对人类文化层面的改变。很多历史学家认为，火的使用标志着文化的诞生。火可以快速地把大家聚集起来，原始人类围在一堆火的周围，他们在取暖的同时也将狩猎来的食物烤熟，一个团体便会在一个固定的时间共同进食。因此，火在时间和空间两个维度上同时将人群聚集起来。

火

人群聚集便催生出了社会。社会关系没有人和人的交流，没有人和人的关联，便无从谈起。所以从这个意义上来说，正是火使得人类文明就此开始。

那么人类是从什么时候开始使用火的呢？目前，最早的考古发现是直立人在170万年前的东非使用火加热过的泥土。北京的周口店也发现过人类使用火的证据。

人类在开始使用火之后的相当一段时间内是没有炊具的，炊具也是食物发展史上一个重要的发明。

没有炊具，烹饪的方式只能采用火烤。原始人类在烤的基础上发展出了许多不同的技法，比如石板烧——将食物夹在两块石板间，通过热传导加热食物。原始人类还使用动物的器官如胃、肠等容纳食物进行烹饪。我们现在也还有肚包肉这样的美食。

甚至有学者提出过假说，人类最早的陶器就是在烹饪食物的过程中发明的。这些学者认为人类使用草编织器皿，再抹上泥浆防止漏水，放入火中烹饪食物。当草被燃尽后泥浆变得非常坚硬，就此诞生了原始的陶器。而伴随着陶器的诞生，花样繁多的烹饪技法的发明便成为可能，不同的美食也纷至沓来。

火为我们的祖先提供了安全、营养、更高能量的食物，更重要的是聚合了人类社会，文明由此开端。

但现代人的饮食习惯正在打破食物的聚合效应。今天的快餐文化、外卖文化，使得我们不需要聚集在一起分享食物。另外，新型烹饪手段如微波炉的发明，在为我们生活带来便利的同时也消磨掉了食物从远古时代就存在的社交意义。

关于人类使用火的起源，各个民族都有自己的神话传说。在中国的神话传说中，发现火的是燧人氏。相传是燧人氏认识了火，知道了火的用途。但自然界中的火并不是随处可得，森林大火总有熄灭的时候。为了使人类时时处处都能找到火、使用火，燧人氏开始艰难地探索人工取火的方法。经过千百次试验，他终于找到了钻木取火与点石击火两种方法，使中华民族的先人掌握了用火与取火技术。由于钻木取火中大多使用的是燧木，于是人们便把发明人工取火技术的人尊之为“燧”，称之为“燧人氏”。远古人相信燧，跟随燧，很快便形成了以燧为首的远古人类氏族部落，这个氏族部落被后世形象地称为“燧明国”。

钻木取火

3 陶器

前面提到过，最早的陶器有可能是人类偶然发明的。陶器的发明，是人类进入新石器时代的重要标志。世界上最早的陶器出现于公元前6000年左右。远古人类发明的最早陶制品是用黏性比较强的泥土捏成的器皿，它们经过暴晒变得坚硬，然后用于盛食物、煮东西，这叫作土器。当土器碰到猛烈的火，很容易破裂，破裂以后，碎片偶然落在烧火的坑里，无意中烧成了坚硬的焦片，于是人们就发明了陶器。

我国目前出土的早期陶器种类非常丰富，有用于洗涤的陶盂、贮谷物的陶罐、贮水的陶壶、炊煮用的陶鼎、盛菜的陶浅盘、盛汤的陶钵、盛饭的陶碗、饮水的陶杯等。而在裴李岗遗址和磁山遗址中出土的钵形鼎，则是一个灶具和煮锅的结合体。它可以离开火塘，搬到任何地方烹煮，增加了灵活性。这种钵形鼎腹深口大，看起来像是一个火锅。

我国很多新石器时代的遗址都出土了大量轮制陶器，它们厚薄均匀、体态端正，使得工作效率大大提高，这是中国上古制陶业一次质的飞跃。这一时期的代表性器物是鬲（lì）和甗（yǎn）。鬲是中国古代煮制流质食物的一种炊具。它在新石器时代晚期出现，消失于春秋战国时期。

新石器时代的钵形鼎

最初鬲被打磨得表面光滑，到了中后期，它的身上开始出现拍打的绳纹。一般来说，“腿长裆深”的鬲年代都比较早，可以直接支在地上，便于填柴引火。后来，随着灶台的广泛使用，鬲的袋状足的功能逐渐淡化，成为锅釜。甗为古代陶制炊具，相当于现在的蒸锅。上部是无底甑（zèng），放食物，下部是鬲，放水，中部置箅（bì），箅上有用来通蒸汽的洞孔，可以蒸食物。毫不夸张地讲，甗是现代蒸锅的鼻祖，它的出现结束了人类只能烤或煮食物的历史。

甗还是一种饮食文化的延续，陶甗的发明具有更深的文化意义。蒸食是人类利用蒸汽能的最早实践，也是中国人世世代代的一种独特的烹饪方式。直到今天，西方人在烹饪时还极少运用蒸法，甚至一些国家的厨师连蒸法的概念也没有。正因为东方以蒸法见长，所以做出来的是米饭和馒头，而西方以烤见长，所以其主食是面包。虽然烤食在近年来逐渐进入一些中国家庭，但始终未能取代以蒸为特点的熟食方式。

青铜兽面纹甗

将食物由生变熟，有烤、煎、炸、蒸、煮等多种方法。采用蒸的方法不仅有利于保存食物的营养成分，还不会产生有害物质，易于人体消化吸收。从考古资料看，我们的祖先是世界上最早懂得利用蒸汽、采用蒸法的民族，加之我们的祖先培育了世界上最早的水稻，可以说，中国人蒸熟了世界第一碗米饭。

陶器的发明和制陶业的兴起，不仅大大加速了生产力的发展，而且使人类的定居生活变得更加稳固。在漫长的蒙昧时代，人类只能被动地利用天然材料，将其加工成石器、骨器、木器等。这类器物仅仅改变了材料的外部形态而并未改变其内在性质。但制陶技术的发明却充分利用了火，完全改变了泥土的化学性质，从而产生了一种前所未有的新型人造材料——陶。

4 食物的来源——畜牧业

我们的食物来源自然是畜牧业和农业，先来说畜牧业。畜牧业起源于人类开始驯养动物。从狩猎到驯养，是人类食物来源的一个大变革。我们用一道名菜来举例——法国蜗牛。考古学家在许多远古遗迹中都发现了蜗牛壳，这说明蜗牛很可能是人类最早养殖的动物。类似的还有贝类，在胶东半岛的大量遗迹中出土了吃剩的贝壳。蜗牛和贝类有相似的特点，个儿小，不需要太多饲料，也没危险，还能大量繁殖，它们无疑是人类首次驯化的最佳选择。

通常认为人类经历了采集、狩猎、畜牧这样的发展过程，不过这些阶段是同时存在、互相补充的，北美野牛和北欧驯鹿就是非常好的例子。

北欧驯鹿

人们为什么要由狩猎转为驯养呢?

无利不起早。由狩猎转为驯养，最大的好处是可以获得稳定的食物来源。这个问题很好理解，即便是技艺精湛的猎人也要时常忍饥挨饿。稳定的食物供给即便在今天仍然是某些欠发达地区人民的基本诉求。

第二个好处是精益求精，人类可以通过杂交、培育和选择的方式生产更加符合人类口味的肉食。阿根廷高乔人有一道名菜叫初生小牛肉，就是用还没断奶的小牛肉和内脏作为主料制作的。中国的餐饮品牌小肥羊也可以专门涮羊羔肉，这就是驯养的好处。而在狩猎时代，人类只能猎到什么吃什么。到了现代，人们反而喜欢吃野味了，并不是新鲜的猎物有多好吃，而是野味比养殖的动物更罕见、更贵罢了，这更多地与食物无关，是一种文化现象。

畜牧还有第三个好处，就是把奶制品带入人们的饮食中。然而并不是所有人都适合奶制品，只有欧美、中东和中亚地区的人，才能更好地消化奶制品，其他地方的人对奶制品既不感兴趣，也不能很好地消化它们，这些地区的人类患有乳糖不耐受的比例明显偏高。乳糖不耐受是由于乳糖酶分泌少，不能完全消化分解乳糖所引起的腹泻。奶酪是欧美最重要的一类食品，而在丰富多彩的中国饮食中，尤其是汉文化占主导地位的地区，就很少有用奶制品做成的菜。日本刚开始接触西方文明时也不太喜欢西方人，认为他们身上有一股“牛奶的臭味”。

从狩猎转为驯养这件事，不仅仅发生在陆地，也包括海洋。

实际上，20世纪可能是人类历史上狩猎量最多的时代，因为人类的捕鱼量比上一个100年增加了至少40倍。整个20世纪，我们从海里捕捞了大约30亿吨的鱼，这种疯狂捕捞让地球上的许多渔场彻底消失了。加拿大1996年关闭了鳕鱼渔场，大西洋鳕鱼的存量只剩下历史平均水平的十分之一。加州沙丁鱼和北海鲱鱼已经成为稀有鱼种。在20世纪30年代，日本拥有全球最大的沙丁鱼渔场，但到了1994年，日本沙丁鱼几乎灭绝。

海里的鱼少了，水产养殖便越来越发达。1980年，人类有500万吨食物来自养殖渔业，到21世纪这个数字增加到了2500万吨。在野生环境中，每100万个鱼卵才有一条鱼能够存活，而人工授精可以确保80%左右的鱼卵受精，60%可以孵化成鱼。养殖鱼比野生鱼长得快、长得大。

水产养殖

5 食物的来源——农业

农业是人类文明的起点，诞生于1万多年前。人类在狩猎和采集的过程中，掌握了农作物的知识。世界农业是多中心起源的，我国是东亚农业的起源中心之一。

东亚农业起源中心位于黄河流域、长江流域、恒河流域和东南亚地区。青藏高原是东西亚之间的天然屏障，青铜器时代以前，西亚与东亚一直处于分割状态。

黄河流域和长江流域是中国原始农业的两大起源中心。从历史上来看，中国农业的基础是距今6000年前在仰韶文化中心的黄河流域建立起来的。这里土壤肥沃，蓄水性好，易开垦，气候温和，适宜黍、粟的最初驯化和种植。而且黄河流域山川塬交错，生态区系复杂，具有农业生产的基本条件。

黄河流域发现了大量遗址，在这些遗址中发现了旱地粮食作物黍、粟，和粮食作物生产与加工用的石磨盘、石磨棒、石斧、石铲、石刀、石镰等生产工具。陶器、骨器以及猪、牛、羊骨等的出土，表明在距今8000至7000年前，黄河流域的原始农业已发展到相当水平。从新石器时代出土遗址的时间分布来看，粟出现最早，距今8000年，分布最广，有30多处；黍最早出现的时期为距今5000年前，分布有4处。从语言学看，俄国把粟叫“粟子”，朝鲜把粟叫"粟克"，印度叫"棍谷"，仍保留着中国粟的原音，这从侧面说明了粟原产于中国。因此，黄河流域作为粟作文化的起源地是确定的。

黄河流域

长江流域及华南地区是典型的季风气候，温暖而潮湿，有利于作物的生长，也是农业的起源中心之一。这里的农业起源并不比黄河流域晚，在浙江余姚河姆渡遗址出土的陶器、石器、骨耜（sì）、稻谷等，都说明这个时期长江流域已进入了较为发达的耜耕农业阶段。

考古证据显示，8000年前，在长江中下游地区就有人在湖边种植水稻。随着中国版图的扩张，黄河流域和长江流域两种环境产生交汇。在这个过程中，水稻成为富足的象征，也成为中国人的主要食物。

世界农业的重要起源地除了中国，还有西亚与美洲。

河姆渡遗址

西亚是现在的伊拉克及其周围地区，这里是小麦与大麦的起源地，西亚的农业发展催生了人类四大古文明之一两河流域的文明。这种农业形式通过人口流动传到尼罗河流域，影响了古埃及文明；传播到印度河流域，影响了古印度文明。美洲也是许多重要农作物的起源地。我们现在大量种植的玉米、土豆、番茄、辣椒、南瓜等农作物均原产于美洲，它们在我国的明朝期间作为大航海时代的重要发现传入中国。

农业的发展与人类文明的发展息息相关，对人类的生存和发展产生了深远的影响。讨论农业的起源与发展，对认识人类社会发展历史，总结农业发展基本规律，借鉴历史经验，以促进农业进一步健康发展具有重要意义。

6 口味

现在是全球化的时代，我们很容易就能吃到世界各地的美食，但人们还是习惯自己家乡菜的口味。早餐尤其如此，有人爱吃谷物，有人爱吃香肠煎蛋。法国口味和英美口味之间有分歧，中国美食在其他国家的人看来又相当复杂，这都说明食物和语言、宗教一样具有文化差异。而且饮食文化是非常保守的，传统菜必然包含当地的主要食材和调味料。这些食材已经深深地融入当地大众的口味，味蕾形成味道记忆，就会对其他味道无动于衷，甚至排斥。

有两种力量可以打破食物间的壁垒，那就是战争和殖民。比如在埃及有一种小吃叫库莎丽，用水稻、扁豆、洋

香肠煎蛋

葱和香料做成，与印度的小吃基契利非常相似，这是英国军队从印度带到埃及的。而英国人在巴基斯坦也留下了两道菜——烤鸡配面包和烤牛肉配约克夏布丁。

说到口味的形成，也要说说食物的迁徙与融合。玉米、番薯这些食材在全球的迁徙都有各自清晰的路线，菜品的交融与变化也是有一定脉络的。美国有一种菜叫德墨菜，是美国德州和墨西哥的菜系混杂而成的。它最有代表性的食物就是辣肉酱，原料有肉末、黑豆、辣椒和孜然，其中的孜然可能是早期的西班牙殖民者带来的。

在亚洲，菲律宾菜总是离不开用蕉叶调味的米饭。米饭是华人的标志，而蕉叶是菲律宾的根基。菲律宾菜也会以面包为主食，面包又会用椰子来调味。菲律宾菜中有烤乳猪、海鲜饭、焦糖布丁，这都属于鲜明的西班牙风味。从这些菜中我们可以看出，华人文化在菲律宾的影响，以及菲律宾被西班牙殖民的历史。

水稻在东南亚会加入一些特色作料调味，而在伊朗，水稻则是皇室饮食。他们进口优质水稻，先泡再煮到弹牙的程度，然后再拌上油脂蒸半个小时，接着加烤羊肉、樱桃、藏红花等香料。之所以要这样麻烦地制作，是因为伊朗不适合种水稻，能吃到米饭是一种权力的象征。

目光转向欧洲。荷兰也有两道所谓的国菜，其一是印尼餐，另一种是蔬菜土豆泥。印尼餐顾名思义是荷兰在印度尼西亚殖民时代发明的菜式，主食是米饭，主要的酱料是炒辣椒酱，用多种香料制成。配菜多达十余种，主要的配菜是印尼炖牛肉，炖牛肉要事先腌过，用生姜、莎兰叶等苏门答腊特产的香料，另外还有乌贼、豆腐等。荷兰这道国菜还比较有仪式感，这些菜都要放到黄铜容器中，下面点酒精灯用来保温。蔬菜土豆泥这道菜的原料就是土豆加胡萝卜、洋葱，放到锅里煮烂即可。历史上，这道菜与荷兰城市莱顿有关。1574 年，莱顿遭到西班牙侵略者的围困，城中粮食短缺，人们就把能找到的块茎植物都放到锅里炖，从而发明了蔬菜土豆泥的吃法。这两道荷兰国菜，一个是纪念荷兰殖民印尼的历史，一个是纪念自己的独立与解放，在荷兰人心中有特殊的意义。

蔬菜土豆泥

7 食物×文化

人类在掌握了烹饪技术之后，满足了温饱，诞生了文明。之后，食物开始被赋予了更多的含义。这其中最具有代表性的就是食人族。食人族在世界上真实存在。大航海时代，很多欧洲殖民者、航海家在开发新大陆和岛屿的时候都亲眼见证过巴西食人族。在16、17世纪的欧洲有一本超级畅销书，内容便是一名欧洲航海家在巴西与食人族交往的亲身经历。作者在书里细致描绘了部落吃人的方式与过程。肉给男人吃，内脏分配给妇女，脑子和舌头则是属于小孩儿的，然后大家各自带着属于自己的那一份食物回家，分别享用。这些人肉的来源往往是部落间战争的俘虏或捕获的敌人。

那么食人族为什么会选择吃人肉呢？因为从那个时候开始，人们赋予了吃这一行为更多的意义。食人族通常认为，吃掉代表着征服与威慑，而且吃掉了敌人便可以汲取敌人身上的力量，让自己变得更强大。

在文化意义上，食物已经脱离了吃的范畴，被赋予了更多的意义。这个意义可能是政治目的、宗教目的或者其他各种各样的文化因素的掺杂。尽管我们现在觉得吃人非常残酷野蛮，是无法想象的，但其实这很有可能是跟食物相关的最早的文化现象。

可以说，食物代表了人类社会向前发展的两个最初的驱动力量——科技与文化。此后，食物的演进又催化了人类社会的不同分工、阶层分化、城市化，这就是人类历史上最重要的革命——农业革命。为什么给农业革命那么高的评价？因为农业生产改变了人类。

我们这里说的农业是一个广义的概念，它包括了种植业、畜牧业和渔业等，狭义的农业则只针对种植业。关于农业给人类带来了怎样的影响，往小了说，催生了各式各样的美食，往大了说，人类之所以产生了不同的文明、不同的国家、不同的历史，都是拜农业革命所赐。所以说，农业革命是人类历史上最伟大、最重要的革命。

农民在田间劳作

在农业产生之前，人类的祖先获取食物的来源主要是两种方式——采集和狩猎。采集主要指采摘收集一些野生的果实，包括水果、坚果、谷物等；狩猎则是捕获野生动物，获取动物性食物。从目前可以得到的考古证据来看，最早的农业生产形式是种植，产生于距今约1万年前。畜牧业稍晚一点出现，大约出现于距今8000年前后。最初，人类尝试驯养的动物不是我们今天熟悉的家禽、家畜，而是蜗牛。蜗牛的蛋白质含量非常丰富，直到今天法式焗蜗牛都是非常有代表性的法国名菜。但相比于丰富的营养成分，更重要的是蜗牛非常容易饲养，这也是为什么蜗牛成为人类最早饲养成功的动物之一的原因。

蜗牛

距今约1万到8000年前，人类开始了最初的农业生产，用一种简单的历史观表述——先进取代了落后。人类祖先也是有意识地用一种先进的生产方式取代了相对落后的生产方式。

8 小麦驯化人类

前面我们了解了小麦的原产地是西亚，后来传播到印度、埃及、希腊，最终遍布全球。

那么关于小麦，有一个问题值得探讨——人类驯服了小麦还是小麦驯服了人类？这个问题是以色列作家尤瓦尔·赫拉利在《人类简史》中提出的。

麦田

如果我们在小麦的位置上来看待这件事，在1万年前，小麦也不过就是许多野草当中的一种，只出现在西亚一个很小的地区。但就在短短的1000年内，小麦突然传遍了世界各地。生存和繁衍正是最基本的演化标准，而根据这个标准，小麦可以说是地球史上最成功的植物。以北美大平原为例，1万年前完全没有小麦的身影，但现在却有大片麦田波浪起伏，几百公里内完全没有其他植物。小麦在全球总共占据大约225万平方公里的地表面积，将近10个英国大。

小麦的秘诀就在于操纵智人，为其所用。智人原本靠着狩猎和采集过着颇为舒适的生活，直到大约1万年前，才开始投入越来越多的精力培育小麦。而在接下来的几千年间，全球许多地方的人类都开始种起了小麦。

种小麦可不容易，照顾起来处处是麻烦。第一，小麦不喜欢石头，所以智人得把田地里的石头捡干净搬走，搞得自己腰酸背痛。第二，小麦不喜欢与其他植物分享空间、水和养分，所以智人整天在烈日下除草。第三，小麦会得病，所以智人得帮忙驱虫防病。第四，不论是蝗虫还是兔子，都不排斥饱尝一顿小麦大餐，但小麦完全无力抵抗，所以智人又不得不守卫、保护小麦。最后，小麦会渴，智人得从大老远处把水引来，为它止渴；小麦也会饿，智人甚至得收集粪便，用来滋养小麦生长的土地。

智人身体演化的目的并不是从事这些活动，他们适应的活动是爬果树、追猎物，而不是清石块、挑水桶。于是，人类的脊椎、膝盖、脖子和脚底就得付出代价。研究古代人类的骨骼会发现，人类进入农业时代后出现了大量疾病，例如椎间盘突出和关节炎。

此外，新的农业活动得花上大把时间，人类就只能被永久定居在麦田旁边，这彻底改变了人类的生活方式。其实不是我们驯化了小麦，而是小麦驯化了我们。驯化（domesticate）一词来自拉丁文domus，意思就是“房子”，但现在被关在房子里的可不是小麦，而是人类。

小麦

农业时代早期的农民，性格并不见得比过去的采集者温和，甚至还可能更暴力，毕竟他们的个人财产变多，而且还需要土地才能耕作。如果被附近的人抢了土地，就可能从温饱的天堂掉进饥饿的地狱，所以在土地这件事上几乎没有妥协的余地。过去，如果采集者的部落遇到比较强的对手，只要撤退、搬家就能解决问题，虽然说有些困难和危险，但至少是个可行的选项。但如果是农民遇到了强敌，撤退就代表放弃田地、房屋和存粮。这几乎就注定了农民常常得死守田地，为了小麦，双方不得不拼个你死我活。

9 水稻的五千年进化史

水稻为现代人提供了20%的热量和13%的蛋白质，目前全球有20亿人以水稻为主食。在小麦得到科学改良之前，水稻一直是世上最有效率的食品，传统品种的水稻1公顷可以养活5.63个人，小麦可以养活3.67个人，玉米可以养活5.06个人。以水稻为主食的东亚和南亚，从来都是世界上人口最多的地方。

中国水稻栽培历史悠久，在《管子》《新语》等古籍中，均有在公元前27世纪的神农时代播种五谷的记载，稻即为五谷之一。《史记·夏本纪》中关于“禹令益予众

稻田耕作

庶稻，可种卑湿”的记载，表明公元前21世纪，中国人民就已经开始和自然作斗争，发展水稻。

神农“尝百草、辨五谷”，反映的是远古时期，我们的祖先将各类谷物从野生状态驯化成粮食的漫长而艰辛的过程。据传，神农氏生活在距今约5000年前，而从考古发现来看，中国人对水稻的驯化远远早于这个时间。

截至目前，单是距今1万年以上的栽培稻遗存至少就有6处，这些遗址的发现，将中国的水稻栽培史上溯到1万多年前。也就是说，早在距今1万年前，中国就进入了原始农业文明。

到20世纪末，中国发现的史前稻作遗存有100多处，从中可以看出中国水稻的起源和推广路径：长江中下游是中国水稻的起源地，水稻以这里为起点向外扩展，并在距今约5000年前左右，推进到黄河流域和长江以南地区。

夏商周时期，水稻的栽培区域进一步扩大，向长江上游、云贵地区、黄河以北推进，基本形成了中国古代水稻分布的大格局。到了战国时期，由于农具的应用，农业开始走向精耕细作，同时为发展水稻兴修了大型水利工程，如都江堰、郑国渠等。西汉时出现了梯田。

魏晋南北朝以后，中国经济重心逐渐南移，唐宋600多年间，江南成为全国水稻生产中心，太湖流域为稻米生产基地，京中军民所需大米全靠江南漕运。当时，由于重视水利兴建、江湖海涂围垦造田，以及农具改进、土壤培肥、稻麦两熟和品种更新等，江南稻区已初步形成了较为完整的拼作栽培体系。中国稻种资源丰富，到明末清初，《直省志书》中所录的水稻品种就有3400多种，另外在育秧、水肥管理等方面也都有了新的进展。

水稻

河姆渡是长江下游浙江余姚的一个小镇。1973年开始，在这里发现了大面积的新石器文化遗存，叠压着四个文化层，考古工作者在最下层发现了大量栽培稻的稻谷遗存，距今已有7000年。这些稻谷不仅保存状况极佳，伴随其出土的还有种植水稻的农具。这一考古发现轰动了全世界。随着近几十年考古工作的不断开展，考古工作者又相继发现了距今更久远的栽培稻遗存，它们广泛分布在长江中下游、淮河流域、华南地区、西南地区等地。

10 小米兴衰史，中国人的神奇作物

粟，也就是小米，作为世界上古老的作物之一在人类历史的发展进程中占据重要地位。小米是我国历史上最主要的农作物之一，在小麦和水稻被培育之前，它一直肩负着养活中国人的重要使命。

目前普遍认为中国就是小米的原产地，由狗尾草人工驯化而来。中国栽培小米的历史长达8000年之久。在新石器时代晚期以前，黍是当时主要的粮食作物，但是在这之后，粟则取代了黍的地位，成为当时北方地区最主要的粮食作物。魏晋南北朝时期，粟作发展达到兴盛。

小米营养丰富，味道鲜美。在如何食用小米这方面，

小米植株

古人有很多花样。首先是煮粥。随着生产力的发展，由陶器、铜器、铁器等制作出来的不同种类的炊具慢慢被发明出来得到应用，如鬲、甑等。人们把粟米放入炊具之中，便可以通过煮的方式将其变成熟食。在古代，被称作“粥”的食物基本相当于现在的稀粥，若是煮得较为浓稠的粥则被称为糜。不过古人可不会单单只食用简单的粟米粥，常见的做法是在煮粟米粥的过程中加入蔬菜和肉类，这样一起食用既提高了粟米粥的营养价值，味道也变得更加鲜美。加入菜、肉一起烹饪而成的粟米粥被赋予了如“糂”（shēn）“糟”（tán）等名称。

焖饭也是古人发明出来食用粟米的方式之一。焖饭就是我们现在所说的蒸饭，“蒸”是比“煮”更加先进的一种烹饪方式。在没有微波炉加热食物的古代，古人要想把冷却的熟食重新加热，就会采取这种办法。

古人除了直接将粟米用于焖饭、煮粥食用之外，还会将其加工成各种干粮食用。同时，小米也是当时酿酒做醋的重要原料。可以说，小米在中华民族成为农耕民族的过程中起到了至关重要的作用，并且成功地把中国人稳固地扎根到了适合自己生长的地方——中原。

也就是在这片土地上，小米成功地孕育了博大的中华文化，滋养了中华文明。《黄帝内经》中便有“五谷为养，五果为助，五畜为益，五菜为充”的说法，作为五谷之一的小米在长达千年的中华历史文明中一直扮演着重要的角色，所以夏商文化很多时候也被作为“粟文化”的部分研究课题，小米的影响力可见一斑。

作为黄河流域的中心、旱作物的发祥地，山西产的小米直到现在依然闻名世界，其中最负盛名的就是“沁州黄”。传说百年前沁县檀山脚下几个赤脚和尚在贫瘠的土地上洒下一把糙米，没想到收获后这些小米谷粒金黄，吃起来也格外香甜。当时的大学士吴阁老为此专门回乡品尝，并献给康熙皇帝品尝，康熙吃完大加赞赏，并钦定“沁州黄”作为皇家贡米。从此，“沁州黄”的名声便传遍了大江南北，民间有俗语“金珠子，金珠王，金珠不换沁州黄”。

小米饭

历经辉煌过后的小米作为主食的功用从明朝开始逐渐被小麦和水稻取代，但是从小米的兴衰中依然可以看到人类社会不断进步的缩影。

11 玉米的起源历史

玉米如今已是人们熟悉的食物，其口感黏糯香甜，味道清香，且对身体有许多益处，受到很多人的喜爱。关于玉米还有很多有趣的历史故事，和它的起源一同让现代人津津乐道。

玉米

玉米的别名很多，有的地方叫玉麦、棒子、苞谷，还有玉高粱、珍珠米、六谷米等叫法。玉米的原产地在美洲大陆，秘鲁在印第安语中就有“玉米之仓”的意思，考古学家还曾在墨西哥南部的遗迹中发现了最古老的野生玉米。秘鲁的海岸附近至今还保存有古城遗址，在出土的陶器和建筑物上，嵌有大量的玉米籽粒和果穗图案，分析这些遗迹，考古学家推测，南美洲最早的原有居民印第安人远在4000年至5000年前就开始广泛种植玉米了。

1492年，意大利航海家哥伦布到达美洲大陆，发现了玉米，当年就把它带回西班牙。他在航海报告中热情地介绍了玉米这个被印第安人当作自然神来崇拜的作物。从此，玉米渐渐地遍布欧洲，遍布世界。

玉米传入我国可能有两条途径：一是15世纪末由葡萄牙人将玉米带到爪哇，于16世纪初传入我国；一是由阿拉伯人将其从中亚传入我国。所以，在明朝玉米又有“番麦”之称。最初，玉米只是在浙江、福建等部分沿海地区和山地种植，从18世纪起，我国玉米栽培开始了较快的发展。由于玉米抗旱耐寒，但得薄土即可播种，适应性很强，很快便成了平原地区广为栽培的大田作物。今天，由昔日南美印第安人所培育出来的玉米，经过长期自然选择和人工驯化，已成为品质优良、具有丰富营养价值的世界性高产栽培植物，在粮食作物中占有重要的位置。

现在，每年有近78%的玉米用于畜禽饲料。这些玉米转化成肉、蛋、奶和水产品，成为今天人们餐桌上一日三餐少不了的食品来源。此外，在边远山区，玉米仍是日常生活中重要的粮食作物。

玉米还是淀粉、酒精、制药、食品和化学工业离不开的重要原料，以玉米为原料的工业产品有好几千种。玉米在现代经济生活中的地位越来越重要。可是，在哥伦布发现新大陆以前，欧洲和亚洲还全然不知道有玉米这种东西。

其实任何农作物的传播都不是单一的物种传播，大概都经历了与本土环境的融合与认同，甚至伴随着文化与技术的传播，而呈现在这些决定因素之上的表象才是我们司空见惯的流行文化。当全世界的年轻人都喜欢在电影院吃着爆米花看电影时，谁能想到，考古学家在墨西哥中部的一个蝙蝠洞内，发现了距今5600年前的爆米花，那时的墨西哥人就已经知道把玉米粒放到滚烫的石头上使其爆裂炸开。

爆米花

12 夏商周：中国饮食文化初步形成时期1

夏商周时期初步确立了我国饮食文化的基本格局，是我国饮食文化发展史上最为重要的历史时期。

在这一时期，农牧业的发展为人们提供了丰富的食物原料，商业、手工业的发展为人们烹饪技艺的提高、饮食市场的出现创造了条件。特别是此时期青铜食具的大量出现，在中国饮食史上具有划时代的意义，饮食因此被提升到品德和政治的高度，中国从此进入了饮食文化初步形成时期。

农业的发明是人类发展史上的一大进步。早期的原始人类不知何为农业，没有农田耕作生活。在漫长的生活实践中，人们逐渐发现采集来的植物果实可通过栽植收获更多，猎获的野兽可通过饲养繁殖得到更多，由此，随机采集模式便逐步发展为农牧结合的稳定原始农业形态。

夏商周的统治者都十分重视农业生产，大批奴隶进行农业耕作，使农业生产有了很大的发展。《论语》中说大禹“尽力乎沟洫”，大禹大力治水，减少洪灾，而且还引水灌溉农田，以致“养物丰民人”。商朝时，农业生产已经成为社会生产的主要方面，当时的甲骨文中有大量有关农事活动的记载，卜辞中经常出现“受年”“受稻年”“受黍年”等词语。商王还亲自视察农作，进行农业祭祀活动，令臣下监督农耕。当时农产品有较多的剩余，盛极一时的酿酒和嗜酒之风，也从侧面反映了当时农业生产的发达情况。

酿酒

西周时，周天子每年在春耕农忙时要举行“籍礼”。“籍”，借也，籍田是指古代天子、诸侯征用民力耕种的田。每逢春耕前，天子、诸侯躬耕籍田，表示对农业的重视，并有劝率天下、勉励务农之意。春秋战国时期，各国为了富国强兵、称霸天下，更加重视农业。齐国宰相管仲就在《管子》中说：“农事胜则入粟多，入粟多则国富。”这些都极大地促进了农业的发展。

“国之大事，唯祀与戎”，畜牧业在夏商周社会经济部门中占有举足轻重的地位，因为畜牧业可以改善生活，丰富祭祀，巩固国防。夏代有专门从事畜牧业的人和部落。古书有“莱夷作牧”的记载，“莱夷”就是畜牧部落之一。

商代的畜牧业相当发达，卜辞祭祀用牲名目繁多，数量庞大，一次百头以上者不乏其例，最高用牲量一次甚至可达“五百牢”或“千牛”。

周人虽然以农业发迹，但畜牧业在周代经济生活中仍然很重要。“三百维群”“九十其犉”，可见当时牧群的规模是不小的。当时地广人稀，原野不能尽辟，农田一般分布在都邑的近郊，郊外则辟为牧场，《尔雅·释地》中有“邑外谓之郊，郊外谓之牧”。对原野中农田和牧场的规划，被称作“井牧田野”。从《诗经》中看，当时确实是划出了放牧牛羊马的各类牧场，而《周礼》则记载了组织严密、分工细致的牧场。

放牧

13 夏商周：中国饮食文化初步形成时期 2

随着农牧业和手工业的发展，剩余产品的大量出现催生了交换行为的产生，进而产生和兴起了商业贸易，出现了市场。特别是夏朝时期就出现了“路行乘车，水行乘船，泥行乘撬”的交通格局，说明夏朝交通运输已有一定规模，交通工具种类较多。

《左传》中记载夏代有专司车辆制造的“车正”，名奚仲，大禹曾开九道，这都从某种程度上表明夏朝交通的发达，这直接为商朝时期商业的发展铺平了道路。商朝时期，都城商业繁荣，有“商邑翼翼，四方之极”之称，至今有因商民善于经商所以称为“商人”的说法。西周时，商业已成为社会经济不可缺少的一项，由官府独裁，设有“质人之官”作为市场的管理者，限制私人从商。商贸的种类有作物、牛马、珍异和兵器等，甚至可见掠卖奴婢。西周的货币除贝以外，已开始使用铜币。

商业繁荣后，市场贸易、市肆饮食也就相应地随之兴旺起来，这就给饮食业提供了物质条件和经营对象，这也是中国饮食文化初步形成和发展的重要条件。

手工业是指依靠手工劳动，使用简单工具的小规模工业生产。手工业最初从属于农业，主要表现为家庭手工业。原始社会晚期，随着第二次社会大分工的发展，手工业脱离了农业，独立出来。我国夏、商、西周时期，青铜手工业在世界上独树一帜，由此，夏、商、周三代被称为我国的“青铜时代”。

从使用石器、木器到制造青铜器，食具也不再限制于陶土烧制甚至是自然工具，而是出现了大量的金属制品。

青铜器

殷墟出土的青铜器以礼器为主，包括酒器、蒸煮器、盛食器、洗濯器，除礼器外，还有大量兵器以及一些生产工具等。商朝铸造技术精湛先进，最著名的有司母戊鼎，据计算，铸造830多公斤的司母戊鼎需要两三百人的合作才能完成。西周青铜业进一步发展，产品趋向生活化，且数量增多，有大量的手工工具、生活用具、车马器，有些动物形状的器皿栩栩如生。

这一时期，青铜食具主要是供上层贵族使用，平民百姓仍然大量使用陶器，制陶工艺在民间得到进一步发展。

司母戊鼎

商朝中期已经创制了原始的瓷器，同时，用玉石、牙骨、竹木为材料制作的餐饮器具也占有相当重要的地位。如可能起源于禹王时代的竹筷，到商代成了和匙共同使用的餐具。

在周王朝时期吃饭是非常麻烦的事情。遵循周礼，要先做出叩拜的动作，表示敬意；接着把酒倒在地上一点，祭谢大地生养之德；之后尝尝酒味，并说令主人高兴的酒辞；最后仰杯而尽。

周王朝的饮食文化蕴含着深厚的孝、德、仁、和、义等理念。其中，以周代王室的“周八珍”为代表，还有王侯贵族之家的家常美味佳肴，标志着中国烹饪成为一门重要的艺术，显示了周人的精湛厨艺，是中国餐饮文化的滥觞，值得后人尊重。

14 夏商周的捕捞业

夏、商、周三朝，先民们已经掌握了基本的捕鱼技术，成立了专门的捕鱼队和机构。最初，他们居住在以黄河流域为中心的中原地带，后来逐步开发了长江流域和辽河流域，并为以后开发岭南、西北和西南准备了充足的物质条件。

我国的捕捞业在商代已经相当发达，殷墟出土的鱼骨就有6种，可以说商代至少有6种鱼已经用于食用。在现在发现的甲骨文记载中，王室捕鱼的卜辞不少，最多一次记载殷王捕捞到3万条尾鱼，可见捕鱼技术之高超。文献中记载周代的宫廷已经成立了庞大的捕鱼机构，专门为皇室捕鱼，他们拥有340多人的专职捕鱼队，可以到河流、湖泊、近海捕鱼，并且可以满足宫廷食鱼的需求。东周时期，靠近湖、海、江河的地方已经有专业渔民，他们是民间的捕鱼个体，捕捞到的鱼可以售卖，吃鱼不再只是皇室的专利。周代八珍，文献记载为淳熬、淳母、炮豚、炮牂（zāng）、捣珍、渍、熬、肝膋（liáo）等，还没有把美味的鱼肴列入其中。

殷商末年，我国开始人工养鱼。人们认为鱼类是美好的食物，用鱼来代表美好的爱情，表示恋人或夫妻之间如胶似漆、难舍难分的情谊，像鱼与水难以分开。

鱼群

战国时期，我国的鱼类品种众多，皇室家族成员还把它们作为宗庙祭祀和赏赐馈赠的礼品，赠送给皇室成员和大臣们。《孔子家语》记载，孔子喜得贵子，“鲁昭公以鲤鱼赐孔子”，孔子“故因以名曰鲤，而字伯鱼”。人类在食鱼的过程中，不断寻找美味、珍贵的鱼品，用于养殖和加工食用，鲤鱼在当时已经深受人们的喜爱。

生长于江南的屈原，饱食鱼肴后，写出了作品《渔父》，反映了当时的渔猎生活，这其实是他追求的隐逸生活，也是他的理想生活，就是每天有鱼吃，每天垂钓于山水间，感受鱼味和鱼乐。

东周元王时期，越国大夫范蠡著有《养鱼经》，全文仅343字，介绍在太湖建池养鱼、轮捕盈利的经验。吴王阖闾喜欢吃腌咸鱼，他带兵渡海攻打越国，粮草缺乏，要士兵捕鱼为食，把剩余的鱼腌成鱼干，吃后觉得鲜美，当场写下一个字，上面是美，下面是鱼，后来演变成鲞(xiǎng)，专指鱼干。人类开始开发鱼干，方便携带和贩运，让鱼肴满足所有人的需求。

鱼干

先秦时期，战争不断，开拓了南北大道，运输条件已经具备，鱼干等鱼品被贩运到全国各地，鱼肴开始普及，成为全国人民餐桌上的美食。从此，鱼肴在众多场合出现，成为一种大众关注的美味佳肴。

早在周秦时期，我国的烹饪技术已经达到了相当高的水平，后来的很长一段时期，烹饪技术只做了一些改进和提高，主要是在炊具与火力的演进与推动下向精细化方面发展。

15 饮食丰俭——汉

汉代，在传统饮食的基础上，北面南米的主食习惯已经形成，根据制作方式的不同，又大致分为“饼、饭、粥”三种。北方以麦饼为主，南方以米饭为主。汉代开始有了石磨，人们掌握了把谷物或磨或舂成粉的技术，以制作各种饼食。由于还没有掌握面粉发酵技术，当时还吃不到包子、馒头。

汉代的“饼”跟现代的“饼”不太一样，是所有面食的通称，蒸的叫“蒸饼”，油炸的叫“油饼”，煮的面条或面块叫“汤饼”，烧的大饼叫“烧饼”或“炉饼”，加了芝麻的叫“麻饼”。汉代的饼主要是蒸饼，用麦粉蒸的叫饼，

烧饼

用米粉蒸的叫饵，此外还有用糯米粉做的糍粑。西汉后期的《急就篇》中把饼和饵列为食物之首，可见其地位之高。

据记载，刘邦当了皇帝后，决定把他爹刘太公接来长安享福。可是老人家在乡下住惯了，难以适应大城市的热闹生活，成天在宫内闷闷不乐，这也让刘邦有点犯愁。后来有位大臣献上一策：在长安城找个地方，建一个跟老家一模一样的小村。为此，刘邦不但把小村建好了，还把老家的酒家、茶楼等搬了过来，刘太公喜欢吃烧饼，烧饼铺当然也不能落下。

当时有这样一个笑话。有人问乞丐："如果做了皇帝，你最想做什么？"乞丐说："我如果做了皇帝，就天天吃烧饼。"对于现代人来说，吃个烧饼算不了什么，可是在那个时候，饼是上层人士的特权，不是随便什么人都能吃得到的，一是吃不起，二是身份未必允许。那时候，面粉这类细粮专供上层人士享用，而下层人士只配喝粥，吃糙米、麦饭之类的粗粮。

汉代的米饭跟今天的米饭没什么两样，将去皮的水稻、小麦、小米等煮熟食用，煮熟的米饭也可以晒干做成"干饭"，便于出门携带。那时候，南北饮食的差异就已经很明显了，黄河流域主要以小麦、黄米饭为主食，而长江流域主要以稻米饭和糯米饭为食。

粥，又称糜。一般有麦粥、米粥，米粥中又分糯米粥、黄米粥、小米粥、大米粥，还有用淘米水和豆子熬成的豆粥。

汉通西域后，还引入了胡饼、胡饭作为主食。胡饼类似今天的芝麻饼；胡饭，根据北魏《齐民要术》的记载，是把酸味酱瓜、烤肥肉、生杂菜放在饼中，迅速卷成卷，并切成长度不超过两寸的六段，就着调料一起吃。《后汉书·五行志》所记："灵帝好胡服、胡帐、胡床、胡坐、胡饭……"当年的汉灵帝刘宏就很爱吃胡饭。

介于主食、副食之间的豆腐是中国人对世界的重要贡献。相传，豆腐是汉高祖刘邦之孙淮南王刘安发明的。刘安为求长生不老之药，在安徽寿县八公山以黄豆、盐卤等炼丹，无意中竟炼出了"白如纯玉，细若凝脂"的豆腐。这样看来，豆腐已有2000多年的历史了。豆腐问世后，很快成为老百姓非常喜欢的小吃。当时流行的吃法是在碗里放一大块豆腐，撒上作料，边拿小刀划成小块边吃，坊间也出现了无数这样的豆腐快餐店。

豆腐

16 纵情酒色——魏晋南北朝

魏晋南北朝时期，随着战乱中人口的频繁迁移，各个民族出现了大杂居的局面。不同的饮食文化开始碰撞出火花，各民族独具特色的食物和烹饪技术开始传播和交流，不仅增加了当时人们的食物的种类，提升了人们的饮食质量，还促进了民族之间的文化融合。我国的食品业和饮食文化有了很大的发展。

魏晋南北朝之前，汉族传统的烹饪方式主要以蒸煮为主，而随着少数民族的大量迁入，烹调方式大大丰富，主要包括蒸、煮、煎、烩、炸、烧、炖等。在食品加工方面也有了巨大的提升，《齐民要术》中就描述了制作酱、醋、豉、酪及蔬菜腌藏等方法，说明食品制作方法比以前有了较大的发展。

与此同时，各民族之间的烹饪方式互相影响，使人们的饮食习惯也发生了改变。比如当时流行的炮制肉类法，就是胡人带到中原来的。同时，胡人也充分吸收了汉族的一些烹饪技术并加以改进，比如在烤肉前先将肉放在豉汁中浸渍入味等。

魏晋南北朝时期出现了大量记载饮食文化的书籍，有的对烹饪经验进行总结，有的记载各种食经、食谱，还有对饮食文化的阐述等。当时饮食方面的著作有《崔氏食经》《四时御食经》《杂仙饵方》等，而最为突出和全面的就是《齐民要术》。该书全面系统地对南北朝的饮食情况进行了介绍，详细地介绍了食物原料、生产加工、烹饪食用等内容，成为世界上最早系统记录饮食文化的著作。

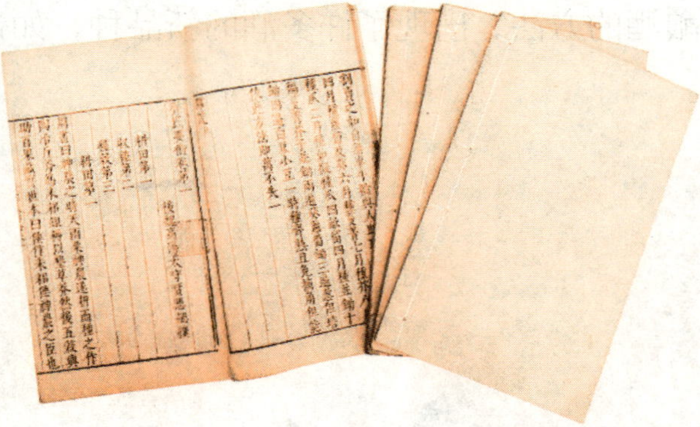

《齐民要术》

魏晋南北朝长时间的政治动荡和分裂割据，导致大量来自北方的少数民族迁入中原地区，开始与汉族杂居。胡汉民族之间的饮食文化在碰撞和交流中逐步融合，对今后各民族饮食文化的发展都产生了深远的影响。

胡汉的杂居，饮食文化的碰撞首当其冲。各少数民族受到汉民族饮食文化的影响，逐步摒弃了自己原有的游牧习俗，开始像汉族一样进行农耕，并逐渐将五谷杂粮作为主食。胡人在日常饮食中加入了米和面，而在此之前，各少数民族是极少吃米面的。十六国时期鲜卑族建立的前燕就结束游牧的生活，发展农耕，学习汉民族种植谷物，并在饮食上改变以前食用羊肉等畜肉的习惯。到了北魏时期，鲜卑族最终融入了汉文化。

在汉代之前，汉族的饮食中很少有乳制品，到魏晋南北朝时，中原地区畜牧业得到了迅速的发展，饮酪也慢慢在汉族中普及开，酪浆成为时尚饮品。汉族还从胡人那里学习了酿酒的方法，出现了许多酒的新品种，如葡萄酒、马奶酒。

乳制品

魏晋南北朝时期，在胡人内迁、中原人外流的大背景之下，民族区域间的食物有了更多交流和发展的机会。胡汉民族长期杂居在一起，双方的饮食方式和饮食习惯逐渐融合，在很大程度上对当时和后来的社会产生了深刻的影响。

17 来吧，大融合——隋唐1

随着时代的发展，中国在隋唐时期走向统一。国家高度发展，社会安定，人民生活有了保障，开始重视饮食行业。饮食文化的发展，对我国甚至全世界产生了深远影响。

隋唐两代饮食业极为发达，饮食品种不断增多，制作过程愈发精细。从主食上看，以麦、粟、稻为主，间以各种杂粮。由于南方水稻生产的长足进步，大量稻米运往北方，中唐以后，稻米已十分常见。人们以稻米做成青精饭、团油饭、王母饭、雕胡饭、米粥，但面食仍然是隋唐人生活中最主要的食品。

当时的肉食以羊肉为主，食用牛肉在法律上是禁止的。羊肉鲜美，但膻味重，所以能去膻味的胡椒在当时非常昂贵。唐朝渔猎风气很盛，当时有道非常有名的菜叫切鲙，如今，顺德菊花鱼生依然沿袭这一做法。而当这种美食漂洋过海后，就发展出了日本刺身。

至于蔬菜，相比现在就显得十分匮乏了。如今很常见的番茄、土豆、青椒、地瓜、洋葱、辣椒、玉米，隋唐时期都还没有引进。当时常见的蔬菜是大白菜、菠菜、秋葵和藠头等。菠菜是唐代时才开始从波斯引进的，所以在当时还是一种比较昂贵的菜。至于蔬菜的做法，基本就是

顺德菊花鱼生

煮、蒸、烤三种。由于蔬菜的品种不多，人们还想办法采摘一些比较常见的野菜来吃，比如蕨菜、芥菜等。唐朝人还酷爱吃水果。樱桃在唐朝是一种比较高级的水果，当时比较流行的吃法是蘸着奶酪吃。

与蔬菜相比，当时的香辛料还是非常丰富的，人们经常使用花椒、胡椒、豆蔻、桂皮、陈皮。比较复杂的调料，诸如豆豉、豆酱也是佐餐常客。需要注意的是，那时候的中国人不吃辣椒——因为还没引进。古时中国人对辣的概念大多指的是葱、姜、蒜和食茱萸。

唐朝国力强盛，经济发达，文化繁荣，对外交往频繁，宗教信仰自由，所以饮食文化非常兴盛。在扬州、长安、洛阳、广州等大城市里不同地区、不同国家的水陆珍馔，应有尽有。

唐朝的饮食文化总体特征是胡化、宗教化和艺术化。

各种香辛料

所谓胡化，就是饮食习惯的胡人化。大量的外来人口带来了风格迥异的饮食文化。唐朝上流社会很快出现了一股胡化风潮，王公贵族争相穿胡服、学胡语、吃胡食。上行下效，很快流行于民间。

唐朝时期，儒释道并行，各种文化相互争鸣，共同发展，极富活力。李氏政权自称老子之后，极力扶持道教，使道教借助皇权迅速发展，基本上具备了与儒家、佛教并驾齐驱的实力。除此之外，唐朝还有景教、祆教、摩尼教、伊斯兰教等，教派林立，宗教文化发达。宗教不仅在饮食上对教徒及教职人员制定了具体要求，而且设立了许多宗教节日，用特有的饮食方式举行庆祝活动，这又使唐朝的饮食文化带有了浓厚的宗教色彩。

18 来吧，大融合——隋唐2

民以食为天，隋唐时期的饮食高度发达，逐渐艺术化。我国素来注重饮食烹调，即使在秦汉时期，也基本实现了“食不厌精，脍不厌细”的标准，烹制了不少美味佳肴。但是，那时候的饮食充其量不过是一种文化，还谈不上艺术，这是由当时的客观物质条件决定的。而唐朝则不然，在有些方面，唐人的饮食已超越了饮食文化的具体形态或实用功能，具有了艺术的要素，成为一种既有欣赏价值，又有食用价值的载体。

唐朝的茶艺，唐人称为“斗茶”或“茗战”，就是比茶的烹饪手艺。善烹茶者，被称为茶博士。茶具用类银类雪的白瓷，类玉类冰的青瓷，光泽晶莹，雅致瑰丽，魅力无穷。陆羽因迷恋茶艺，嗜茶如命，被人称为“茶颠”，世界上第一部茶叶专著《茶经》就出自陆羽之手。

由于唐朝饮食文化整体偏胡化，所以肉食在日常饮食中占的比例是比较大的。其时瓜果蔬菜的种类并不十分丰富，人们于是发现喝茶解腻是不错的选择。唐代茶的饮法是煮茶，即烹茶、煎茶。根据《茶经》记载，唐代茶叶的生产过程是“采之，蒸之，捣之，拍之，焙之，穿之，封之，茶之干矣”。饮用时，先将饼茶放在火上烤炙，然后用茶碾将茶饼碾碎成粉末，再用筛子筛成细末，放到开水中煮。煮时，水刚开，水面出现细小的气泡，像鱼眼一样，并“微有声”，称为一沸，此时在水中加入一些盐调味。当锅边水泡如涌泉连珠时，称为二沸，这时要用瓢舀出一瓢开水备用，以竹夹在锅中心搅拌，然后将茶末从中心倒进去。稍后锅中的水“腾波鼓浪”“势若奔涛溅沫”，称为三沸，此时要将刚才舀出来的那瓢水再倒进锅里，一锅茶汤就算煮好了。如果再继续烹煮，则“水老不可食也”。最后，将煮好的茶汤舀进碗里饮用。前三碗味道较好，后两碗较差，五碗之外，“非渴甚莫之饮”。这是当时社会上较盛行的饮茶方法。因茶叶有不同种类，所以还存在另一种饮用方法，即将饼茶舂成粉末放在茶瓶中，再用开水冲泡，而不用烹煮，这是末茶的饮用方法。

茶艺

唐朝还有著名的酒文化。唐朝灭了高昌国之后，得到了葡萄酒的酿造方法，这样葡萄酒逐渐成为达官贵人新的喜好，葡萄酿也在那时流行了起来。当时，有条件的老百姓夏天时都会买一些冰块，喝一杯冰镇的葡萄酿，这是夏天很好的消遣方式。在唐朝，人们喝的酒度数还是很低的，因为他们还不会蒸馏提纯，这也是他们喝酒能十分豪迈的原因之一。当时酒的度数一般不超过3%，所以，在我们的印象中很多唐朝诗人都是千杯不醉的。

酒

19 丰富多彩——宋代

宋朝是我国封建社会时期经济、文化发展空前繁荣昌盛的时期，流传下来的传统在历史进程中也占有重要的一席之地，至今仍影响着我们生活的方方面面。其中，宋朝的饮食文化在中国饮食文化史中独树一帜，宋人对于饮食的精细程度，不仅诞生了使人眼花缭乱的美食，而且还催生了多样的烹饪技巧与方法。

宋朝的大街小巷中，不仅有大酒店，还有小饭店。随风招展的酒店旗帜，五颜六色的店内装饰，构成了东京城里的繁华世界。

受辽金的影响，再加上宋朝人的独特口味和猪肉的平俗，还有政府严令禁止宰杀耕牛的政策，宋朝人将羊肉视为招待宾客的上乘之物。所以在当时，羊肉成为肉类至尊，受到皇室贵族的特别喜爱。宋神宗时期，皇宫每年要消耗掉40万斤羊肉，而且还总结出各式各样制作羊肉的烹饪方法。在贵族的带动下，民间对炖羊，吃软羊、羊肚、羊腰、羊杂碎的热情也日益高涨，对羊肉情有独钟。

随着羊肉的风靡一时，其价格也水涨船高。一般人家尤其是贫苦人民越来越吃不起羊肉，只好退而求其次改吃猪肉。比如苏东坡就自己改良创新了新式的猪肉吃法，将猪肉做得肥而不腻、软而不烂，这就是流传至今的东坡肉。

东坡肉

宋朝的渔业十分发达，先进的捕鱼工具、造船技术与航海技术的成熟，刺激了渔业的发展。城镇中的养鱼业也随之发展，养鱼品种的多样化也为鱼肉烹饪方式的多样化提供了有利条件。

一般来说，甜食的盛行与当时社会的发展程度有直接联系，因为甜食的作用不是为了充饥，大多是茶余饭后的娱乐。摆脱了饥饿威胁的宋人喜食甜食，宋朝的制糖工艺和乳品业已经得到长足的发展，皇宫内甚至还设有专门研发、制作各类甜食的蜜煎局。浮元子、酥油鲍螺、冰酪、紫苏膏、蜜饯樱桃、雪花酥、糖渍梅子馅千层酥等经过不同的加工，色味俱佳，入口绵软。这些甜食在宋朝统称果子，上至帝王，下至百姓，无不对其钟爱有加。

宋朝藏冰方法、制冰工具、制作饮料的技术与工具的改进，使曾经只能流行于皇家贵族中的冷饮也风靡大街小巷。茶、酒也在宋朝风靡一时，比前朝更甚。唐朝的《茶经》对宋朝饮茶文化的兴盛起到了极大的推动作用。宋人爱喝茶、品茶、斗茶、制茶、烹茶、煎茶，喜爱到稍繁华的城镇中，茶坊基本随处可见。宋人饮茶，讲究茶盏茶杯、温度火候、水质味道、茶汤颜色等。除了茶，宋朝还无人不饮酒。香泉、瑶池、兰芷、墨曜……这一个个淡雅朦胧的酒名，将酒升华成为文人墨客的人生乐事。

现在如果我们半夜感到饥饿，可以叫外卖、吃夜宵，可中国人真正的夜宵生活是从宋朝开始的。宋朝后取消宵禁，大大促进了夜市的发展。无论是坊间小吃的路边摊，还是十二时辰营业的大酒店，果干、肉脯……形形色色，应有尽有。《清明上河图》中就画有送外卖的场景，无不体现着宋朝高度的开放和自由。

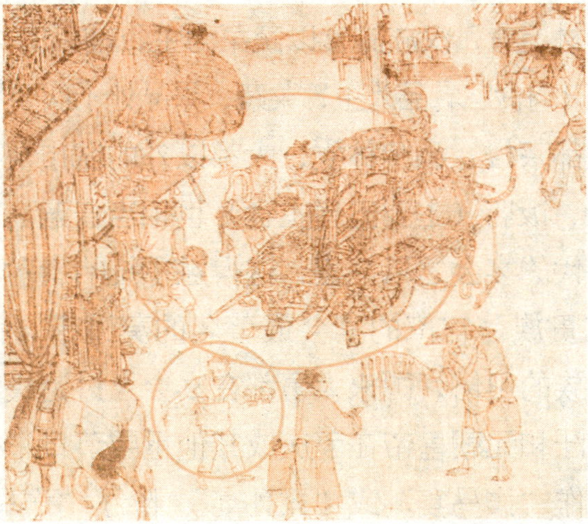

《清明上河图》中的“外卖员”

20 风从草原来——元代

元代是一个疆域空前广阔的朝代，也是民族大融合的朝代。这一时期，伴随着民族大融合，饮食文化也出现南北交融的态势。然而，由于长期积淀在各民族文化中的饮食特点和方式仍扎根于各民族人民的心理构成中，饮食文化仍因民族而不同。

在进餐方式上，汉族与蒙古族有所不同。中国古代汉族一日两餐比较普遍，唐宋时一日三餐逐渐增多。到元代，汉族中已普遍实行一日三餐，而蒙古族往往一日两餐。汉族常见的主要食具有筷、匙、碗、碟、锅等，蒙古族有匕(匙)、箸、叉、小刀等，小刀用于割肉食用。

从食材上看，汉族副食以蔬菜为主，辅以肉类、果品。蒙古族则以肉食、乳品为主，菜蔬、果品处于次要地位。

元大都茶楼、酒馆林立，大都以外的城市及乡镇，酒肆、茶坊、饭店（主要出售主食）也相当普遍。值得一提的是，元代的宴会之风甚盛，这得益于统治者对宴会的重视。蒙古贵族、官僚的宴会最著名的莫过于“诈马宴”。按照蒙古族的习俗，国家大事都在宴会上讨论决定，其中由蒙古大汗和元朝皇帝在节庆或其他重要节日举行的大型宴会，称作“诈马宴”或“只孙宴”。除了“诈马宴”外，还有“赏花宴”等。宴会的盛行，更促进了社会饮食业的

元朝的宴会情景

发展。

元代稻米以江南最盛，当地居民以稻米为主食，稻米在中原地区居民饮食中也占有一定的比例，大都的居民也以稻米为主食。其时，面食中出现了“挂面”，起初主要流行于宫廷，后来普及于民间。

肉类中，羊肉最为重要。朝廷举行宴会，主要供应羊肉；民间食肉，也普遍食羊；送礼的佳品也以肥羊为上。猪肉占有一定的比例。元代对宰杀牛马严加控制，因此牛肉、马肉在人们的饮食结构中占比不大。此外，野生动物亦占有相当比例。

蔬菜比较常见的有20多种。果品南北普遍出品的有梨、桃、梅、杏、枣、栗、柿、葡萄、西瓜等。

元代马奶酒、葡萄酒盛行，但以汉族为主的广大农业区主要饮用的是粮食酒。元代当时还流行药酒，可祛病强身，有滋补的功效。值得注意的是，元代从海外引进了蒸馏技术，并应用到酿酒工艺中，很快传播到全国，当时称使用这种制法的酒为烧酒、白酒，日后成为中国酒的一个重要品种。

马奶酒

和宋代一样，元代汤饮也十分流行。在宫廷中有人参汤、四和汤、橘皮醒酲（chéng）汤等，民间流行的有熟梅汤、天香汤、须问汤等。饮汤成为元代食疗的一种重要方法。

13 世纪成吉思汗西征，版图至西域的伊斯兰教国家和地区。中西之间的陆上丝绸之路随着蒙古铁骑的自由驰骋而畅通无阻。西域各国的穆斯林沿着这条大开的交通线，随着蒙古军队大量涌入中国，给中国带来了清真饮食文化。

21 美食海上来——明代

明代开国之初，长期战乱导致人民颠沛流离，土地荒芜，百废待兴，这样满目疮痍的社会环境无法提供供人们挥霍奢靡的物质条件。朱元璋一方面由于本就出身于贫困的农民家庭，深感民间疾苦；另一方面吸取前朝覆灭的经验教训，称帝后为维护自身统治，大力提倡勤俭精神，对宫廷以及民间的饮食做了极为细致的规定。

明太祖不单对臣下要求严格，自己也以身作则，他规定宫室器具一律遵从朴素的原则，饮食、服饰也遵循常制，避免劳民伤财。明初时太常寺的厨役人数是明朝后期的十分之一，就连以奢侈闻名的江南地区，菜肴也是以八盘为限。

皇帝的表率以及严格的政治制度和勤俭节约思想的推广，极大地影响了当时的社会风气，故而明初时期非常流行节俭的饮食作风。

直到明朝中后期，商品经济飞速发展，传统的社会经济秩序受到了冲击，皇室也不再强调节俭的饮食作风，原来尚简的风气逐渐淡化。富商大贾在社会经济交往中取得了大量的物质财富，及时行乐的风气不仅在这一阶层流行，也带动影响着社会其他阶层，奢靡的社会风气影响越来越广。

明朝的宫廷饮食

这使得当时人们的生活方式、价值观念以及消费结构都发生了一定程度的改变。明英宗年间，请客吃饭从八盘为限变成了大八仙一张，菜肴得有四大盘，四隅四小菜。而后成化时期开始讲究请客仪式，需得用一张一寸三四分、长五分的帖子，写上姓名，书“某日午时一饭”，礼节日渐复杂烦琐。

在明朝中后期，随着新航路的开辟，各种商品与外来农作物流传至中国，故而宫廷美食又有了新一轮的创新。各种新型农作物的加入，使得菜肴类别增多，菜品也走向了多元化、精细化。马铃薯、花生、玉米、胡椒、甘薯……一系列食物的进口，使厨师们不断推陈出新，满足着食客们的口腹之欲。王公贵族在金钱与地位上的优越往往也允许他们探索国外的新奇美食，故而宫廷中的美食常常都走在前列，引领着这一时期的饮食文化。

明朝的宴会情景

随着明朝中后期陆王心学的发展与传播，享乐主义逐渐盛行起来。士大夫群体中不少人都对美食颇有研究，他们不仅四处搜寻美味，有时还自己动手制作，甚至还建立了专门的“饮食社”，邀请同好一起交流与品尝美食。

明朝的饮食文化经历了由俭入奢的过程，这不仅与当时的生产力发展情况有关，也与政治思想紧密联系，明朝中后期的美食文化融入了丰富的内容，是传统美食的一个巅峰时期。

22 满汉全席——清代

清朝是满族建立的政权，饮食文化不可避免地会带有一些满族特色。但满族毕竟在人口比例上属于少数，所以这时期的饮食文化多元混杂，相互交融。

清朝早期，皇室贵族的饮食以满族菜为主，随着与中原文化交融程度的不断加深，饮食便由“满食当道”变成“满汉共存”。

满汉全席

满族人与汉族人饮食文化的交融是在相互影响的情况下实现的。汉族人主要以米饭为主食，而满族则多以面食为主食，包括饽饽、年糕等。本是两种截然不同的饮食习惯，但后来满族各项饮食惯例逐渐被汉人所接受，相应地，汉人的饮食礼仪、节日飨宴等也影响了满族。

满族在入关前，饮食制度并不完善。皇太极时期，皇宫饮食制度完全没有君臣之分。汉族人则不同，提倡周礼，讲究尊卑有序，已有了一套成熟的饮食制度，所有人都不得僭越。清朝入关之后，当时的士大夫有汉族人，在他们的帮助下，清朝制定了一套饮食礼制，用以规范皇宫礼仪。

清朝宫中，设立有专门的御茶膳房，专门给皇帝和皇族贵胄们提供日常饮食，并承担布置筵宴的任务。一个厨房里包含各种不同级别的职位，大家各司其职。此外，在御膳房之下还有不同食材的买办处，每年进出的肉量数额庞大，可见宫廷饮食之奢靡。

皇帝的日常饮食更是花样繁多。春天来临，膳房里必备皇帝爱吃的各类饽饽，甚至特地设立了饽饽房，里面的榆钱饽饽、榆钱糕等都是专供贵族食用。另外，皇帝也很喜欢腌制品，宫内设置有酒醋房等。

美味佳肴中还不乏野味。清代，皇帝爱食肉，全国各地便进贡了很多打猎得来的狍、鹿、野猪等，这些在清代宫廷中是常见之物。对这些肉类的烹饪，在初期是较为粗犷的，加入调料后进行蒸煮便可。到了清代后期，皇家的餐桌上就出现了海鲜品，例如虾、蟹、鲍鱼、燕窝等。

民间的饮食也是分等级的。最低级的是在街边叫卖的小摊贩，或者一些店铺面积较小的饭店，这些场所主要是给生活条件不那么好的普通人提供食物，有包子、茶水、烙饼等方便快速食用的食物。

接下来是大一点的客栈和饭馆，这里的人流量比较大，那些外出做生意的商人累了便会选择在此处落脚。当然还有专门为达官贵人准备的饭庄，往往只提供给私人使用，私密性较高，平时都是紧闭大门的，这类饭庄主要用来谈“重要事情”，也较为安全。

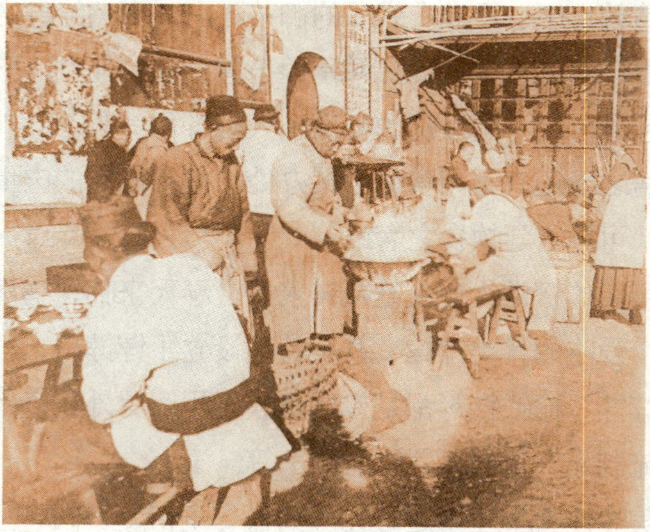

清代街边的小吃摊贩

23 中国饮食文化的传播

早在秦汉时期，中国就开始了饮食文化的对外传播。据《史记》《汉书》等记载，西汉张骞出使西域时，就通过丝绸之路同中亚各国开展了经济和文化的交流活动。张骞除了从西域引进了胡瓜、胡桃、胡荽、胡麻、胡萝卜、石榴等物产外，也把中原的桃、李、杏、梨、姜、茶等物产以及饮食文化传到了西域。在原西域地区的汉墓中出土的文物，就有来自中原的木制筷子。我国传统烧烤技术中的啖炙法也很早通过丝绸之路传到了中亚和西亚，最终在当地做出了人们喜欢吃的羊肉串。

比西北丝绸之路还要早一些的西南丝绸之路，北起成都，途经云南到达中南半岛的缅甸和印度。这条西南丝绸之路在汉代同样发挥着对外传播饮食文化的作用。东汉，汉光武帝派伏波将军马援南征，到达交趾（今越南）一带。当时大批的汉朝官兵在交趾等地筑城居住，将中国农历五月初五端午节吃粽子等食俗带到了此地，所以越南和东南亚至今仍然保留着吃粽子的习俗。

此外，我国的饮食文化对朝鲜的影响也很大，这种情况大概始于秦代。据《三国志》等记载，秦代时“燕、齐、赵民避地朝鲜数万口”，这么多的中国人来到朝鲜，自然会把中国的饮食文化带到朝鲜，韩国泡菜就是在这一

粽子

韩国泡菜

时期发展而来的。

受中国饮食文化影响更大的是日本。公元8世纪，唐朝高僧鉴真东渡日本，带去了大量的中国食品，如薄饼、蒸饼、胡饼等糕点，还有制造这些糕点的工具和技术。日本人称这些糕点为果子，并依样仿造。鉴真还把中国的饮食文化带到了日本，日本人吃饭时使用筷子就是受到中国的影响。唐代时，在中国的日本留学生还几乎把中国的全套食俗带回了本国。其中，粽子在引入日本后，日本人又根据自己的饮食习惯对其做了一些改进，并发展出若干品种。日本还从中国引进了面条、馒头、饺子、馄饨和制酱法等。

距离中国稍远的几个东南亚岛国，像菲律宾、马来西亚、印度尼西亚等，受中国饮食文化的影响也不小。菲律宾从中国引进了白菜、菠菜、莴苣、大豆、梨、柿、柑橘、石榴、桃、香蕉、柠檬等蔬菜和水果。菲律宾人爱吃中国饭菜，如馄饨、春饼等，使用的炊具也是中国式的锅。马来西亚在饮食文化上也受到中国的影响。据考证，马来人的祖先与云南一带种植水稻的民族有很大关系，马来人的大米从种植到收获的过程中，都有类似中国古代的祭祀活动和礼仪。中国的饮食文化对印度尼西亚的影响历史悠久。历代来到印尼的中国移民教会了当地人酿酒、制茶、榨油、水田养鱼等技术，并把中国的食物引入印尼。

茶作为中国饮食文化的一项重要内容，对世界各国的影响极大。中国的茶改变了许多外国人的饮食习俗，例如英国人由于中国的茶而养成了喝下午茶的习惯，而日本人则由于中国的茶文化形成了独具特色的茶道。

24 日益完善的西餐

西餐是我国对西方各国餐点的统称，广义上也可以作为西方国家餐饮文化的统称。西餐起源于欧洲，最早形成于古罗马时期，在中世纪基本定型。随着近代欧洲各国的发展，西餐随之兴盛起来，并伴随着欧洲国家的殖民侵略向世界其他地方传播。但在欧美各国，其实并没有明确的“西餐”概念，每个国家的饮食都有其独特之处。由于这些国家的地理位置近，历史渊源深，在文化生活上有着千丝万缕的联系，所以在菜点的做法上有许多共同之处。

西餐发展的历史很久远。据相关史料记载，早在公元前5世纪，古希腊就出现了高度发达的烹饪文化，煎、炸、烤、焖、煮、炙、熏等烹调方法均已出现，技术高超的名厨师也受到尊重。罗马文化受到希腊文化影响，对烹饪非常重视，厨师的社会地位逐渐上升，成为权威的象征。当时古罗马的宫廷膳房分工很细，由面包、菜肴、果品、葡萄酒四个部分组成，厨师总管的身份与贵族大臣相当。

在当时，尽管烹饪文化已经有所发展，但用餐仍是以手抓为主，餐具还不完备，刀、叉、汤匙、餐巾等都没有出现。西餐餐桌上的刀、叉、匙都是由厨房用具演变而来的。

厨房的菜刀最早可追溯到石器时代，15世纪时出现了餐桌共用餐刀，而个人用的餐刀大约出现在17世纪。

那时的餐刀是尖头的，据说法国红衣主教黎希留看到有的就餐者在宴会上用餐刀尖剔牙，觉得很不雅观，便下令将餐刀改为圆形，于是圆头餐刀一直沿用至今。

叉子原来只在厨房使用，拜占庭时期，餐桌上曾出现过小型的银质叉子，但是昙花一现。直到1894年，英国水兵还不许使用叉和匙，据说水兵使用这些餐具会被认为不像男子汉。

勺子作为厨房用具，在远古时期已被人使用，作为餐桌上用的汤匙是在17世纪出现的。

西餐餐具

餐巾远在古罗马时期就出现了，不过一直没有被多数人接受。15世纪初，西方人还是习惯于用上衣和面包片擦手。

15世纪中叶，饮食同文化一样以意大利为中心发展起来，在贵族举行的宴会上涌现出各种名菜。

到了16世纪初，法国亨利二世的王后凯瑟琳·德·美第奇喜欢研究烹调方法，她从意大利雇用了大批技艺高超的烹调大师，在贵族中传授烹调技术。这不仅使宫廷菜品的质量显著提高，同时使各种烹饪技法广为流传，促使法国的烹饪业迅速发展起来。与此同时，她为了改变不文明的用餐陋习，还明文规定了用餐规则，如用手抓食、舔手或用上衣擦手都是不文明行为，只有用桌布擦手才有礼貌。

后来，法国有位叫蒙得弗德的人，在举行宴会时为了让客人预先知道全宴席的菜品，让管家在宴会前用羊皮纸写好菜名，放置在每个座位前。

达·芬奇的杰作《最后的晚餐》如实地描绘了餐桌上的面包、牛肉、冷盘、葡萄酒、餐刀及玻璃杯等。这是当时基督教徒欢度复活节的圣餐场面，说明当时已经大体具备了现代西餐的雏形。

《最后的晚餐》

25 西餐的发展

时间到了1638年至1715年间，由于讲究饮食而被人称为美食家的法国国王路易十四在宫廷中发起了烹饪大赛，给优胜者颁发奖章并给予奖赏，从而推动了烹饪业的蓬勃发展。一时间宫廷内佳肴美馔迭出，当时研制出来的菜称宫廷菜，独成一系。在宫廷的影响下，上层社会盛行大摆宴席之风，当时的菜单上有冷盘、汤、肉食、禽类、水果、点心之类，品种花样已有现代西餐的眉目，从此西餐发展逐步趋于完善。

宫廷和上层社会的烹调热，直接推动了整个社会烹饪业的发展。1765年，法国的餐厅如雨后春笋般发展起来，供餐形式采取每人一份的方式，不久又出现了零点菜谱。19世纪初叶，餐桌上的用餐规矩已经与现在大致相同。第二次世界大战以后，出现了许多新餐具，它们成套使用，有着严格的摆放及使用方法。

在中国的青花瓷传入欧洲之前，西餐中使用的餐具只有金属器、玻璃器和软质陶器。中国青花瓷的淡雅、精美，引起了欧洲人的喜爱，于是欧洲人便开始了对瓷器的研制。1710年，德国出现了欧洲最早的瓷窑曼斯窑，1717年法国建起了赛尔窑，接着，英国烧制出了洁白的骨灰瓷器，而且造型、质地不断更新，瓷器餐具于是在西餐中安家落户。

西餐中的瓷器餐具于18世纪中期在欧洲广泛使用，当时只是茶具和咖啡用具。自哥伦布发现新大陆后，西方出现了航海热，世界各地的食品先后传入欧洲。中国和印度的茶叶、阿拉伯地区的咖啡，成为欧洲人的必备饮料，瓷器餐具逐渐遍及整个欧洲。

西餐中的瓷器餐具

就西方各国而言，由于其地理位置都比较近，在历史上又曾出现过多次民族大迁移，其文化早已相互渗透融合，彼此有很多共同之处。再者，西方各国的宗教信仰主要是天主教、东正教和新教，它们都是基督教的分支，因此在饮食禁忌和用餐习俗上也大体相同。至于南北美洲和大洋洲，其文化也是和欧洲文化一脉相承的。因此，不管西方人是否有明确的“西餐”概念，中国人和其他东方人都将这部分大体相同而又与东方饮食迥然不同的西方饮食统称为“西餐”。

近几十年来，随着东西方文化的不断碰撞、渗透与交融，东方人民已经逐渐了解了西餐中各个菜式的不同特点，并开始区别对待了。一些高级饭店也分别开设了法式餐厅、意式餐厅等，西餐作为一个笼统的概念逐渐趋于淡化，但西方餐饮文化作为一个整体概念还是会继续存在的。

从另一个方面来说，西餐也早已深入普通中国人的生活当中：我们早上吃的面包饼干、过生日买的生日蛋糕，都是典型的西餐食品；在中餐馆经常吃到的清炒荷兰豆、黑椒牛柳、水果沙拉等，不是用了西餐的原料、调料，就是借鉴了西餐的制法；至于眼下分餐制的流行和餐巾的广泛应用，更是受到了西餐的影响。

生日蛋糕

26 各式各样的西餐

西餐之首——法式西餐

法国人一向以善于吃而闻名，法式大餐至今仍名列世界西餐之首。

法餐

法式菜肴的特点是选料广泛，加工精细，烹调考究，滋味有浓有淡，花色品种多。法式菜还比较讲究吃半熟或生食，如牛排、羊腿以半熟鲜嫩为特点，蚝可生吃，烧野鸭一般六成熟即可。法式菜肴重视调味，调味品种类多样，如用酒调味，不同的菜选用什么酒都有严格规定，如清汤用葡萄酒，海味用白兰地酒，甜品用各式甜酒等。此外，法国人还十分喜爱吃奶酪、水果和各种新鲜蔬菜。

法式菜肴名菜：马赛鱼羹、鹅肝排、巴黎龙虾、红酒山鸡、沙福罗鸡。

西餐始祖——意式西餐

在罗马帝国时代，意大利曾是欧洲的政治、经济、文化中心，就西餐烹饪来讲，意大利可谓始祖。意大利人喜爱面食，做法吃法甚多。其面条制作有独到之处，各种形状、颜色、味道的面条至少有几十种，如字母形、贝壳形、实心面条、通心面条等。意大利人还喜食意式馄饨、意式饺子等。

意式菜肴的特点是原汁原味，以味浓著称，烹调注重炸、熏等，以炒、煎、炸、烩等方法见长。

意式菜肴名菜：通心粉素菜汤、馄饨、奶酪、通心粉、肉末通心粉、比萨饼等。

意大利面

简洁与礼仪并重——英式西餐

英式菜肴的特点是油少、清淡，调味时较少用酒，调味品大都放在餐台上由客人自己选用。烹调讲究鲜嫩，口味清淡，选料注重海鲜及各式蔬菜，菜量要求少而精。英式菜肴的烹调方法多以蒸、煮、烧、熏见长。

英式菜肴名菜：鸡丁沙拉、烤大虾、薯烩羊肉、烤羊马鞍、布丁、蛋奶酥。

西餐经典——俄式西餐

沙皇俄国时代的上层人士非常崇拜法国，饮食和烹饪技术主要学习法国。但经过多年的演变，特别是俄国的气候要求食物要高热量的特点，俄式菜肴逐渐形成自己的烹调特色。俄国人喜食热食，爱吃鱼肉、肉末、鸡蛋和蔬菜制成的小包子和肉饼等，各式小吃颇负盛名。

俄餐口味以酸、甜、辣、咸为主，酸黄瓜、酸白菜往往是饭店或家庭餐桌上的必备食品。烹调方法以烤、熏、腌为特色。

俄式菜肴在西餐中影响较大，一些地处寒带的北欧国家和中欧南斯拉夫民族的饮食习惯与俄罗斯人相似，大多喜欢腌制的各种鱼肉、熏肉、香肠、火腿以及酸菜、酸黄瓜等。

俄式菜肴名菜：什锦冷盘、鱼子酱、酸黄瓜汤、冷苹果汤、鱼肉包子、黄油鸡卷。

27 地理大发现带来的食物

从上古时期到1500年前后，大量的瓜果、蔬菜和谷物等农作物从域外传入中国，极大地改善了中国人的物质生活，推动了中华文明的发展与进步。但是在清代以前，中国并没有出现人口大爆炸。直到清代，中国人口才达到4亿。

美洲是人类文明中三大农业起源地之一，勤劳的美洲印第安人培育了大量的农作物。但在地理大发现以前，美洲与外界的联系很少。1500年前后开始的地理大发现改变了美洲与旧大陆隔绝的历史，大量的农作物从美洲传入中国。

美洲的大片农田

哥伦布在1492年到达美洲之前，葡萄牙的大航海家亨利早已展开到非洲西海岸的探险，到1488年，迪亚士已经绕行过非洲最南端。达·伽马在1497年底航行至非洲东海岸，并雇用一位穆斯林领航员于1498年5月20日抵达印度。葡萄牙航海探险家麦哲伦率领的船队于1519年至1522年间进行的麦哲伦环球航行是世界航海史上的一大成就，不仅开辟了新航线，还通过探险航行证明了地球是圆的。从此，世界真正进入全球化新时代，食物和物种也进入了全球化迁徙新时代。

16世纪后，新大陆的发现和环球航行的实现推动了西欧资本主义强国纷纷对外扩张。在战争屠杀、疾病传播、物种侵袭的影响下，美洲的原住民人口迅速下降，而到达美洲的新移民不适应美洲的玉米、木薯等粮食作物，于是移植了欧洲的小麦、葡萄、橄榄，并畜养猪、牛、马、羊。同样，美洲的玉米、马铃薯、红薯、木薯等作物因环境适应性强、产量大，在引进欧洲之后很受欢迎。有人说，如果没有玉米和马铃薯，世界人口无法增长到今天的规模。爱尔兰的人口变化居全球之冠，从1660年的50万人增加到1860年的900万人，关键就在于马铃薯，因为就连爱尔兰这样的贫瘠土地上，马铃薯都可以生长。

在这个全球物种大迁徙的过程中，欧洲人特别称颂马铃薯，直言这是老天给他们的最大恩赐，也是一个农业奇迹。法国国王路易十六曾把马铃薯花别在他衣服的翻领上，以美丽著称的玛丽皇后也曾把马铃薯花环戴在头上作为发饰，说明了马铃薯的巨大魅力。拿破仑更是颁授荣誉勋章给法国科学家安东尼帕门提尔，以表彰他在法国种植并推广马铃薯的贡献。亚当·史密斯的《国富论》中也提到，在经济上，马铃薯是一种比小麦更优良的植物。

马铃薯花

历史学家艾弗瑞·克罗斯比把这场美洲物种与欧洲大陆物种的相互流动称为“哥伦布大交换”。“哥伦布大交换”带来食物和物种的大迁徙，以及全球饮食口味和生态的大交流，欧洲国家竞相建立殖民地、大帝国与全球贸易网络，很多国家借助高热能、易种植的玉米和马铃薯等作物，克服了食物短缺的难题，使得近代以来人口持续高速增长成为可能，同时从农业生产中释放出大量人力，为工业革命的发生奠定了人口红利的基础要素。

28 一壶中国酒

中国酒有着悠久的历史，随着社会前进的脚步不断变迁，历朝历代都留下了它的影子，带着鲜明的时代特点。

原始部落的人们采集的野果在经过长期的储存后会发酵，形成酒的气味。经过最初的品尝后，他们认为果子发酵后流出的汁也很好喝，于是就开始了酿酒。在原始社会，我国酿酒已很盛行。远古时期的酒是未经过滤的酒醪，呈糊状和半流质，这种酒不适于饮用，而适合食用，故此时的酒具一般是碗、钵等大口器皿。

夏商时期，酒属于奢侈品，是上层社会、宫廷贵人的专用之物，奢靡酗酒之风盛行。桀成为第一个因酒亡国的国君，纣王是第二个，酒池肉林，醉生梦死。夏朝有一种叫爵的酒器，是我国已知最早的青铜器之一。

周朝鉴于夏商酗酒之风颁布了史上第一部禁酒令《酒诰》，并率先将酒引入“礼”机制，产生了酒礼。由于酗酒之风由来已久，直到周朝中后期才有所收敛。

春秋战国时期，群雄割据，人们忙着征战杀伐，烦琐的酒礼被抛到一边，酒开始为人们解忧去乏，也第一次诞生了“酒会”，承担国家之间谈判的外交使命。

爵

汉朝开始，酒成为日常生活中的饮品，社会活动和礼仪交往的信使。汉朝初期，法律禁止民间聚众饮酒，遭到民众反感，酒开始被文人们抬到至高位置。

魏晋时期允许民间自由酿酒，私人自酿自饮的现象相当普遍，酒业市场十分兴盛，并出现了酒税。魏晋南北朝时期名士饮酒风气极盛，人们借酒抒发慨叹。酒的影响潜入人们的内心深处，从而使酒的文化内涵也随之扩展了。

唐朝，酒成为人们的首选饮品，除却物质享受之外，也贴近精神生活，歌舞助兴，饮酒作诗也兴盛于这一时期，家喻户晓的李白、杜甫、白居易就十分喜欢饮酒。

两宋时期，官府完全控制了酒的流通，官酒价高，涌现出多款闻名遐迩的上乘家酿，酒质与官酒相比也毫不逊色。宋朝人饮酒，既体现风情万种的小情调，也满怀豪情狂纵的大气派。

元朝，大碗喝酒、大块吃肉的蒙古人在酒场上是执意求醉、不醉不归的风范，同时也讲究喝酒的名堂。马奶酒、葡萄酒风靡一时。

蒙古人独具特色的酒壶

明清以后，酒已成为人们生活中不可缺少的饮品，每逢佳节节令，“专用酒”十分流行，如元旦饮椒柏酒、正月十五饮填仓酒、端午饮菖蒲酒、中秋饮桂花酒、重阳饮菊花酒。清代有“酒品之多，京师为最”之说，当时京城的达官贵人比较崇尚黄酒，中下层百姓则多喜欢价廉味浓的烧酒。

此外，酒令五花八门，所有世上的事物、人物、花草鱼虫、诗词歌赋、戏曲小说、时令风俗无不入令，且雅令很多，把中国的酒文化从高雅的殿堂拓展到了通俗的民间，从名人雅士的所为普及为里巷市井的爱好，把普通的饮酒提升到讲酒品、崇饮器、行酒令、懂饮道的高雅境地。

29 液体面包——啤酒

啤酒是人类在谷物农业生产中偶然发现的，由此学术界还产生了“先有啤酒还是先有面包”的争论。

啤酒

人类有关酿酒的最早文字记载出现在6000年前，记录这一活动的是苏美尔人。考古学家曾发现了一个苏美尔人的印章，上面描述了对啤酒女神宁卡西的赞美，这个赞美诗同时也是一个酿造啤酒的配方。在这个印章上面有用苏美尔语描述大麦的象形文字，包括了大麦是如何焙烤、碾碎、加水成浆，最终制成一种可以让人兴奋的、感到幸福的饮料。

不过苏美尔人是否是最早的啤酒酿造者尚有争议，我国发现于20世纪60年代的贾湖遗址可以证明，9000年前贾湖人就已经掌握了酿造啤酒的方法。

贾湖遗址

苏美尔人的《乌鲁卡基那法典》是已知最古老的法律制度，其中规定啤酒是支付和赎罪的基础单位。古代埃及人也使用啤酒作为支付给金字塔建造工人的货币。根据古代的劳动分工，男人外出打猎，女人则负责采集食物和酿造饮料。女性酿造的证据可以追溯到公元前5000年，在《吉尔伽美什史诗》中提到的麦酒夫人西杜里。

1380年，在西里西亚的首都弗罗茨瓦夫，市议会和教会为了争夺啤酒销售利润而爆发冲突，教会一气之下停止了所有宗教服务，甚至在次年国王瓦茨拉夫四世访问该市时仍拒绝提供必要的教会服务。恼羞成怒的国王让士兵们换上文职服装，在城市里洗劫遇到的每座教堂。这一系列事件被称为“啤酒战争”。啤酒战争之后，市议会担心未来出现对其统治的威胁，形成了限制性的寡头政治。这导致了1418年的公开叛乱，包括市长在内的6名议会成员被愤怒的暴徒处决。

在中世纪，水源中充满了病原体，由于啤酒的酿造过程涉及沸水、发酵，所以不含细菌。在16世纪，英国每年的啤酒消费量为每人530品脱，这是21世纪消费量的三倍。那时修道院垄断了啤酒的制造和售卖，当时修道士每周都有大量的啤酒配额，以满足营养所需。啤酒完全融入了他们的生活，以至于某些修道士都爱用啤酒代替圣水为人们进行洗礼。用啤酒进行洗礼的习俗在欧洲影响甚远，直到格列高利九世教皇正式宣布在洗礼中使用啤酒将使得仪式无效。

1664年，法国的拉特拉普圣母修道院放宽了修道士修行时的戒律，允许在斋戒日以富含高营养成分的啤酒代替食物充饥，因此啤酒才有了“液体面包”的称号。

在关于啤酒的故事中，最为吊诡的是伦敦啤酒洪水事件。1814年10月17日，Horse Shoe Brewery啤酒厂里的大酒桶破裂，15英尺高的酒浪席卷了整条街道。570吨啤酒巨浪击碎了啤酒厂的砖墙，淹没了周围的街道和房屋，两座建筑物在托特纳姆法院路的啤酒激流中坍塌。这一不幸的事件共造成8人死亡。最终，法院裁定该事件是“上帝的行为”。

30 葡萄酒的故事

葡萄酒是自然发酵的产物，在葡萄果粒成熟后落到地上，果皮破裂，渗出的果汁与空气中的酵母菌接触后不久，最早的葡萄酒就产生了。我们的祖先尝到这自然的产物，从而模仿大自然的生物本能开始了酿酒。

史料记载，1万年前的新石器时代，濒临黑海的外高加索地区即现在的格鲁吉亚和亚美尼亚都发现了大量的葡萄种子，在当时，葡萄不仅用于吃，更主要的是用来榨汁酿酒。

后来随着古代战争、移民活动，酿造葡萄酒的技术传到了埃及、希腊等地。

埃及古墓中发现的大量遗迹、遗物清楚地描述了古埃及人栽培、采收葡萄，酿制葡萄酒的步骤和饮用葡萄酒的情景，距今已有5000多年的历史。

希腊是欧洲最早开始种植葡萄与酿制葡萄酒的国家，一些航海家从尼罗河三角洲带回葡萄和酿酒的技术。葡萄酒不仅是他们璀璨文化的基石，同时还是他们日常生活中不可缺少的一部分。公元前6世纪，希腊人通过马赛港，将葡萄栽培和葡萄酒酿造技术传入高卢。

罗马人也从希腊人那里学会了葡萄栽培和葡萄酒酿造技术，并在意大利半岛全面推广，后来传遍了全欧洲。罗马人很喜欢饮用陈酿年数较久的葡萄酒，一般比较喜欢饮用陈酿25年的葡萄酒。罗马好像是第一个开始使用密封容器的国家，又或者是第一个喜欢氧化葡萄酒的国家。对于这一点，考古学家还有待考证，但是至少有一点可以确认，那就是罗马是第一个使用陶瓷壶储藏葡萄酒的国家。最先开始使用橡木桶存储葡萄酒的是中欧的凯尔特人。这种橡木桶的设计有利于葡萄酒的搬运和滚动，不仅密封性能好，而且可以让葡萄酒得到“呼吸”。用橡木桶储存葡萄酒在葡萄酒的历史上是一个重要的举措。

葡萄酒橡木桶

4世纪初，罗马皇帝君士坦丁正式公开承认基督教，耶稣在最后的晚餐上说“面包是我的肉，葡萄酒是我的血”，基督教把葡萄酒视为圣血，教会人员把葡萄酒种植和酿造作为工作。葡萄酒随传教士的足迹传遍世界。

大约13世纪，随着西多会的兴旺，遍及欧洲各地的西多会修道院的葡萄酒赢得了越来越高的声誉。15—16世纪，欧洲最好的葡萄酒被认为就出产在这些修道院中。

哥伦布发现新大陆后，西班牙和葡萄牙的殖民者、传教士在16世纪将欧洲的葡萄品种带到南美洲，在墨西哥、加利福尼亚半岛和亚历山大等地栽种。

17、18世纪前后，法国雄霸了整个葡萄酒王国，波尔多和勃艮第产区的葡萄酒始终是其两大梁柱。第二次世界大战后，一些酒厂和酿酒师开始在全世界找寻适合的土壤、相似的气候来种植优质的葡萄品种，研发并改进酿造技术，使整个葡萄酒业兴旺起来，开创了今天多姿多彩的葡萄酒世界潮流。

葡萄酒

31 神奇豆子——咖啡

在世界各地，人们越来越爱喝咖啡。随之而来的“咖啡文化”充满生活的每个时刻。无论在家里还是办公室，各种社交场合的人们都在品尝着咖啡。咖啡逐渐与时尚、现代生活联系在一起。

咖啡

咖啡树属茜草科常绿小乔木，日常饮用的咖啡是用咖啡豆配合各种不同的烹煮器具制作出来的。咖啡豆是咖啡树果实中的果仁用适当的烘焙方法烘焙而成的。

咖啡树原产于非洲埃塞俄比亚西南部的高原地区。据说很久以前，一位牧羊人发现羊吃了一种植物的果实后会变得非常兴奋，格外活泼。出于好奇，这位牧羊人也尝了一下这些果实，果不其然，他也变得非常兴奋。后来，这位牧羊人采了些果实带回村庄，分给了村民，这种可以提神醒脑的果实很受大家的欢迎。

当地人把咖啡树的果实磨碎，再把它与动物脂肪掺在一起揉捏，做成球状的丸子。这些人将咖啡丸子当成珍贵的食物，专供那些即将出征的战士享用。

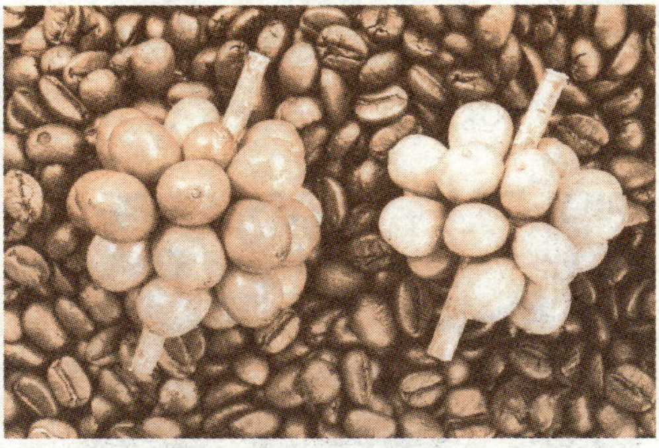

咖啡豆

直到11世纪左右，人们才开始用水煮咖啡作为饮料。13世纪时，埃塞俄比亚的军队入侵也门，将咖啡带到了阿拉伯地区。伊斯兰教义禁止教徒饮酒，有的宗教界人士认为咖啡这种饮料也会刺激神经，违反教义，曾一度禁止并关闭咖啡店。但埃及苏丹认为咖啡不违反教义，因而对其解禁，咖啡饮料迅速在阿拉伯地区流行开来。咖啡的种植和制作方法也被阿拉伯人不断改进而逐渐完善。15世纪初开始有文献记载咖啡的饮用方式，咖啡在这一时期融入了宗教仪式中，同时也出现在民间作为日常饮品，成为当时很重要的社交饮品。

1570年，土耳其军队围攻维也纳，失败撤退后，有人在土耳其军队的营房中发现一口袋黑色的种子，谁也不知道是什么东西。一个曾在土耳其生活过的波兰人拿走了这袋咖啡豆，在维也纳开了第一家咖啡店。16世纪末，咖啡以“伊斯兰酒”的名义通过意大利开始大规模传入欧洲。相传，当时一些天主教人士认为咖啡是“魔鬼饮料”，怂恿当时的教皇克莱门八世禁止这种饮料，但教皇品尝后认为可以饮用，并且祝福了咖啡，因此咖啡在欧洲逐渐普及开来。

17世纪，咖啡的种植和生产一直为阿拉伯人所垄断。当时咖啡主要被使用在医学和宗教方面，医生和僧侣承认咖啡具有提神、醒脑、健胃、强身、止血等功效。

起初，咖啡在欧洲价格不菲，只有贵族才能饮用得起，咖啡甚至被称为“黑色金子”。直到1690年，一位荷兰船长航行到也门，得到几棵咖啡苗，在印尼种植成功。1727年，荷属圭亚那的一位外交官的妻子将几粒咖啡种子送给一位在巴西的西班牙人，后者在巴西试种咖啡取得了很好的效果。巴西的气候非常适宜咖啡生长，从此咖啡在南美洲迅速蔓延，因大量生产而价格下降的咖啡开始成为欧洲人的重要饮料。

时至今日，咖啡已经成为世界三大饮料之一，在全球范围内广泛传播，深受人们喜爱。咖啡的历史并不只是咖啡的生产和发展史，还包含有人类的文化、经济和宗教史。

32 美洲的神奇豆子——可可

世界三大饮料除了茶和咖啡之外，还有可可。

可可原产于美洲，这种植物被驯化的最早证据可追溯到美洲印第安人的奥尔梅克文化。奥尔梅克人将可可用于宗教仪式或作为药用饮料，关于他们如何制作饮料的发现仍然很少。

相比之下，玛雅人确实留下了一些关于可可的制作方法。可可被玛雅人应用于官方仪式、宗教节日、丧葬贡品和药用目的，可可本身以及用于制备可可的器具都被视作重要的礼物和贡品。可可豆也被作为货币使用，如1只兔子值10个可可豆。另外，这些豆子也被用于玛雅人之间的订婚和结婚仪式，特别是在上层阶级。

可可的制备开始于切开可可豆荚以暴露果肉，之后豆子被发酵几天。在某些情况下，豆子也被放在明火上烤，以增加烟熏味。然后将豆子去掉外壳并研磨成糊状。玛雅人使用花、香草豆荚和辣椒进行调味。

到了1400年，阿兹特克帝国占据了中美洲的大部分地区。他们自己无法种植可可，只能进口。所有被阿兹特克人征服的生长可可豆的地区都被命令用可可豆上税。与尤卡坦的玛雅人不同，阿兹特克人喝可可，它被用于各种各样的目的，也属于阿兹特克人士兵的口粮之一。

可可豆

直到16世纪，可可树完全不为欧洲人所知。哥伦布于1502年8月15日第四次访问美洲时遇到了可可豆。当时他和他的船员查获了一艘大型原生独木舟，据说这种独木舟中还含有其他商品——可可豆。但是，当哥伦布带着可可豆回到西班牙时，并没有引起波澜，直到西班牙修士将可可引入西班牙宫廷之后才产生了影响。

西班牙殖民者埃尔南·科尔特斯可能是在蒙特祖马宫内观察可可的第一个欧洲人。据说，阿兹特克帝国的末代皇帝蒙特祖马二世的宫廷每天要消耗2000杯可可饮料，其中50杯是他本人享用的。1519年，科尔特斯登陆墨西哥湾，这一年正是阿兹特克预言中羽蛇神到来的时间，科尔特斯被当地人视为羽蛇神降临，并接受了当地的最高接待——以金杯盛上的可可。

西班牙人对可可非常贪心，在西班牙人征服阿兹特克

可可豆

后，可可被引进欧洲。可可的西班牙首秀并不顺利，1528年，科尔特斯将它进献给国王，却被嫌弃是“给猪喝的饮料”。聪明的西班牙人稍做改良，很快将其变成了上流人士的最爱。可可豆被磨成粉，口感更加细腻，糖被加入其中抵消苦涩，这种更新过的热饮被重新赋予了名字“巧克力”，并成为西班牙王室拥有了近百年的独享秘密。

1615年，西班牙国王腓力三世的女儿出嫁到奥地利，把巧克力的秘密带出了西班牙宫廷。1660年，西班牙公主玛丽·特蕾莎出嫁法国国王路易十四，让巧克力彻底在法国宫廷火了起来。

33 巧克力

进入19世纪以后，巧克力风靡全球，并发生了形态上的重大变革。1847年以前，巧克力一直都是以液体形式存在。人们进行长途旅行时，甚至要随身携带全套调制器具，以备沿途使用。歌德1797年去瑞士旅行时，就是带着全套巧克力用具上路的。

巧克力

工业革命使巧克力演变成为今天可以随时、随地享用的块状。1828年，荷兰化学家范·霍腾发明了一种可可压榨机，能将可可脂分离出来。1847年，英国甜点师约瑟夫·福莱创造性地生产出第一条可以咀嚼的巧克力块。瑞士商人丹尼尔·彼得1857年想到了制作牛奶巧克力，但是由于无法除掉牛奶中的水分而屡次失败。后来他加入了雀巢公司，利用雀巢的干奶粉和炼乳，1876年成功推出了牛奶巧克力，雀巢也因此名声大噪。

此后，制造商们继续在改进巧克力的口感上费尽心思。瑞士人鲁道夫·莲发明了巧克力精炼机，使巧克力变得润滑、有光泽，还减少了酸味。世界上第一块入口即溶的巧克力就此诞生，取自鲁道夫·莲的名字，命名为瑞士莲，成为最知名的巧克力品牌之一。在20世纪，“巧克力”一词的范围扩展到一系列巧克力糖果，食用巧克力成为一种流行，是社会精英阶层备受欢迎的生活习惯。

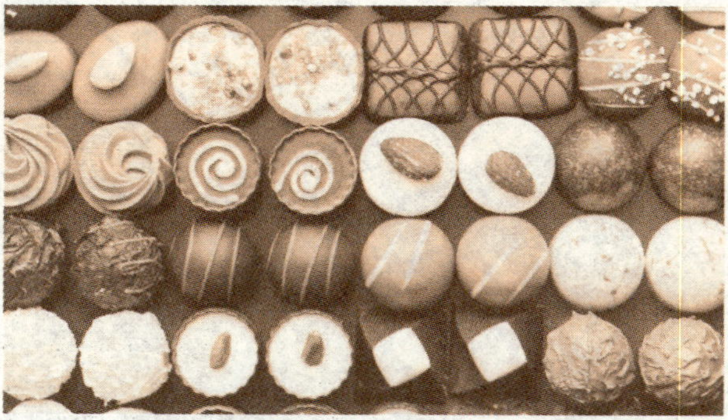

各种各样的巧克力

巧克力可以分为黑巧克力、牛奶巧克力和白巧克力，其余的酒心巧克力、果仁巧克力等都是基于此的衍生品。黑巧克力的可可含量在70%~99%之间，最为苦涩，却也是被认为最有益健康的一种。有专家称，纯粹的可可粉或者黑巧克力可以降血压、抗癌、刺激大脑活动、止泻。黑巧克力中含有的抗氧化剂高于红酒、茶和莓类水果，有利于消除肌肉疲劳，甚至还能减肥，这得益于巧克力中含有的可可碱成分。但牛奶巧克力、白巧克力似乎没有健康效益，充其量可以叫作糖果，还会让人发胖。

可可碱在化学上属于甲基黄嘌呤类生物碱，它能刺激中枢神经、松弛肌肉、提高心律。同属于这一类的物质是咖啡因和茶碱，这是可可、咖啡、茶能成为三大饮料的共通点。在这种物质的作用下，人们很容易感到放松，充满精力。

在西班牙，人们将放了辣椒的巧克力作为感冒药来使用。巧克力传入英国的时候，疗效又变了，当地的社交名流往里面掺了胡椒粉和葡萄酒一块儿喝，认为它能治肺痨。《新英格兰医学杂志》的一项研究称，出现诺贝尔奖得主的概率，与该国巧克力的消费量成正比。

巧克力中含有的另一个与其今后成名密切相关的成分是苯乙胺，也被称为爱的化学品，在这种成分的作用下，人们会有“恋爱的感觉”。1936年2月12日，情人节的前两天，在日本神户，来自俄罗斯的莫洛佐夫糖果公司在一个英语读物上刊登了这样一则广告：“将莫洛佐夫的精美盒装巧克力作为情人节礼物，送给你的爱侣。”这是世界上第一则情人节巧克力广告，从此，情人节这一天要送巧克力就渐渐变得约定俗成起来，堪称史上最伟大的营销案例之一。

34 过节吃饺子

饺子原名“娇耳”，相传是我国医圣张仲景发明的。他的“祛寒娇耳汤”的故事在民间广为流传。

张仲景画像

张仲景，名机，字仲景，东汉南阳（今河南南阳）人。自幼苦学医书，博采众长，成为中医学的奠基人。他的著作《伤寒杂病论》集医家之大成，被历代医者奉为经典。张仲景有名言：“进则救世，退则救民；不能为良相，亦当为良医。”张仲景不仅医术高明，什么疑难杂症都能手到病除，而且医德高尚，无论穷人和富人，他都认真施治，挽救了无数的性命。

相传张仲景任长沙太守时，常为百姓除疾医病。有一年当地瘟疫盛行，他在衙门口架起大锅，舍药救人，深得长沙人民的爱戴。张仲景从长沙告老还乡后，正好赶上冬至这一天，他走到家乡白河岸边，见很多穷苦百姓忍饥受寒，耳朵都冻烂了。原来当时伤寒流行，病死的人很多。张仲景心里非常难受，决心救治他们。张仲景回到家后，求医的人特别多，他忙得不可开交，但他心里总记挂着那些冻烂耳朵的穷苦百姓。他仿照在长沙的做法，叫弟子在南阳东关的一块空地上搭起医棚，架起大锅，在冬至那天开张，为穷人舍药治伤。

张仲景的药名叫“祛寒娇耳汤”，是总结了汉代300多年临床实践而成的。其做法是用羊肉和一些祛寒药材在锅里煮熬，煮好后再把这些东西捞出来切碎，用面皮包成耳朵状的“娇耳”，下锅煮熟后分给乞药的病人。每人两只娇耳、一碗汤，人们吃下祛寒汤后浑身发热，血液通畅，两耳变暖。老百姓从冬至吃到除夕，抵御了伤寒，治好了冻耳。

张仲景舍药一直持续到大年三十。大年初一，人们庆祝新年，也庆祝烂耳康复，就仿照娇耳的样子做过年的食物，并在初一早上吃。人们称这种食物为“饺耳”“饺子”或“扁食”，在冬至和年初一吃，以纪念张仲景开棚舍药和治愈病人。

张仲景煮“祛寒娇耳汤”的故事一直在民间广为流传。每逢冬至和大年初一，不论贫富，饺子是必不可少的节日饭。谚云："十月一，冬至到，家家户户吃水饺。"至今仍有"冬至不端饺子碗，冻掉耳朵没人管"的民谣。

饺子

人们吃着饺子，心里仍记着张仲景的恩情。今天，我们不需要用娇耳来治冻烂的耳朵了，但饺子却已成了人们最常见、最爱吃的食物。

另外，民间还有吃饺子的民俗与女娲造人有关的传说。女娲抟土造成人时，由于天寒地冻，黄土人的耳朵很容易冻掉，为了使耳朵能固定不掉，女娲就在人的耳朵上扎一个小眼，用细线把耳朵拴住，线的另一端放在黄土人的嘴里咬着，这样才把耳朵做好。老百姓为了纪念女娲的功绩，就包起饺子来，用面捏成人耳朵的形状，内包有馅(线)，用嘴咬着吃。

35 大白馒头

提起诸葛亮，几乎无人不知无人不晓。他早年随叔父诸葛玄到荆州，诸葛玄死后，诸葛亮就在襄阳隆中隐居。后刘备三顾茅庐将其请出，辅佐刘备建立蜀汉。蜀汉建立后，诸葛亮被封为丞相，为实现兴复汉室的政治理想，数次北伐，但因各种原因而失败，最后于蜀汉建兴十二年（234年）病逝于五丈原，享年54岁。刘禅追谥其为忠武侯，后世常以武侯、诸葛武侯尊称诸葛亮。东晋时，因其卓越的军事才能特追封他为武兴王。

就是这样一位政治家、军事家，发明了我们今天北方人的主食——馒头。中国人吃馒头的历史，至少可以追溯到战国时期，彼时称之为“蒸饼”。“馒头”一词的起源距今已1700多年了，但是这中间的故事却依然脍炙人口。

馒头

蜀汉建兴三年（225年）秋天，诸葛亮采取攻心战，七擒七纵收服了孟获后，班师回朝。大军行到泸水，忽然阴云密布，狂风大作，巨浪滔天，军队无法渡河。诸葛亮精通天文，但这突然的变化使他也迷惑不解，他忙请教前来相送、对这一带地理气候非常了解的孟获。孟获说：“这里几年来一直打仗，很多士兵战死在这里，这些客死异乡的冤魂经常出来作怪，凡是要在这里渡河的，必须用49颗人头祭供。”诸葛亮一想这祭品要用人头，代价也太大了。他苦思冥想，终于想出一个用另一种物品替代人头的绝妙办法。他命令士兵杀牛宰羊，将牛羊肉斩成肉酱，拌成肉馅，在外面包上面粉，做成人头模样，入笼屉蒸熟。这种祭品被称作“馒首”。诸葛亮将这肉与面粉做的馒首拿到泸水边，拜祭一番，然后一个个丢进泸水。受祭后，顿时云开雾散，风平浪静，大军平稳地渡过了河。从此以后，人们经常用馒首做供品进行各种祭祀。由于“首”“头”同义，后来就把馒首称作馒头。

当初馒头都是带肉馅的，而且个头很大。晋以后一段时间，古人把馒头也称作“饼”，凡以面揉水做剂子，中间有馅的，都叫饼。唐以后，馒头变小，有时称作“玉柱”“灌浆”。宋时，馒头成为大学生经常食用的点心，所以《武林旧事》中称其为“羊肉馒头”“大学馒头”。

馒头成为食品后，就不再是人头形状了。因为其中有馅，于是又称作“包子”。

唐宋后，馒头也有无馅者。元无名氏《居家必用事类全集》中，记有当时馒头的发酵方法："每十分，用白面二斤半。先以酵一盏许，于面内跑一小窠，倾入酵汁，就和一块软面，干面覆之，放温暖处。伺泛起，将四边干面加温汤和就，再覆之。又伺泛起，再添干面温水和。冬用热汤和就，不须多揉。再放片时，揉成剂则已。若揉搓，则不肥泛。其剂放软，擀作皮，包馅子。排在无风处，以袱盖。伺面性来，然后入笼床上，蒸熟为度。"

至清代，馒头的称谓出现分野：北方谓无馅者为馒头，有馅者为包子；而南方则称有馅者为馒头，无馅者也有称作"大包子"的。《清稗类钞》记载："馒头，一曰馒首，屑面发酵，蒸熟隆起成圆形者。无馅，食时必以肴佐之。""南方之所谓馒头者，亦屑面发酵蒸熟，隆起成圆形，然实为包子。包子者，宋已有之。"

北方的包子

36 吸溜吸溜吃面条

面条是我国古老的传统食品，品种繁多，它既能作为主食饱腹，也可做小吃点心，起调剂口味和膳食的作用，在人们生活中影响颇大。我国的面条不仅处处可见，而且在世界各地广为传播，不少国家都有它的踪迹。

面条

我国是面条的故乡，面条历史悠久，其渊源可追溯到汉代。我国古代将用面制作的食品统称为“饼”。古代有煮饼、蒸饼、油饼、水溲饼、酒溲饼、髓饼、胡饼、索饼、汤饼等不同品种。

北魏贾思勰的《齐民要术》中已有面条制法的记载。魏晋间食用汤面已较普遍，西晋束皙在《饼赋》中说道：“玄冬猛寒，清晨之会，涕冻鼻中，霜成口外，充虚解战，汤饼为最。”风趣地描写了人们在冬季吃热汤面的情景。

隋唐时期，面条的制作技术有所发展。《清异录》中有“泼淡汤饼”的记载，即用腌菜、芝麻、盐、姜制成汁后浇在面上，调味上已较为讲究。唐代出现了冷面，用槐树的嫩叶取汁和面制成，煮熟后放入冷水或天然冰，冰凉后食之。人们在生日祝寿时爱食长寿面，以取其吉利之意，事实上这种面条唐时已出现，名“长命面”。

面条发展到宋代已是品种繁多。《山家清供》中记有萝菔面、百合面、槐叶淘、玉延索饼、梅花汤饼等。《东京梦华录》《都城纪胜》记北宋东京的面条品种有生软羊面、桐皮面、铺羊面、盐煎面、鱼桐皮面、家常三刀面、鸡鹅面、蝴蝶面等；南宋临安有三鲜面、炒鳝面、笋辣面、鸡丝面、血脏面、炒鸡面、大熬面、素棋子、菜面、鱼面等。冷面也有冷淘、银丝冷淘、抹肉淘、肉齑淘、乳齑淘、笋菜淘等。明清两代面条更有进一步发展，据古籍记载，有水滑面、臊子面、索面、红丝面、翠缕面、山芋馎饦、山药拨鱼、勾面、馄饨面、炒鳝乳齑淘等。

清代街市上有甜水面、攒丝面、卤面、牛肉面、挂面等十余种，并出现了一些高档面条。如清代李渔创制的“五香面”和“八珍面”，用鸡、鱼、虾酱、醋、椒、芝麻等物加入面粉中，然后擀成面条，可见制作用料的精细与讲究。清代满汉全席的席点中，也出现了鱼丝面、伊府面、蟹肉片儿面等面条品种，说明面条在人们饮食中的重要地位。

八珍面

我国的面条经过近两千年的发展，至近代制作技术日益提高，品种花样不断增加，呈现出一派繁荣兴旺景象。

我国现代面条的调味也多种多样，一般使用葱、蒜、姜、香菜、酱油、食盐、味精等小料和调味品，也有用辣椒粉、胡椒粉、红油、麻酱、芝麻油作调味，随各地人民食俗而定，从而形成现代面条咸、鲜、麻、辣、酸、香等不同风味。面条的熟制方法也在不断进步，由过去单纯以水传导发展成为水煮、笼蒸、炸炒、煎烙、烩煨等诸多做法，出现了汤面、凉面、拌面、蒸面、煎面、炸面、炒面和烩面等多类品种。

面条不仅花色品种繁多，制作技术精湛，且可荤可素，可煮可炒，可干可稀，既可当作点心，也可作正餐食用，因而与人民群众的生活相当密切。面条集主副食于一碗，经济实惠，食用方便，且浇头随意，可任选四时鲜菜、鸡鸭鱼肉，故变化万端，常吃常新。

37 筷子的讲究

筷子是中国常用的餐具，通常由竹、木、骨、瓷、金属、塑料等材料制作，是世界上常用餐具之一，中华饮食文化的标志之一，发明于中国，后传至朝鲜、日本、越南等中华文化圈。

中国人习惯用筷子，而非洲、中东、印度尼西亚及印度次大陆等地区的人则用手指直接抓取食物。

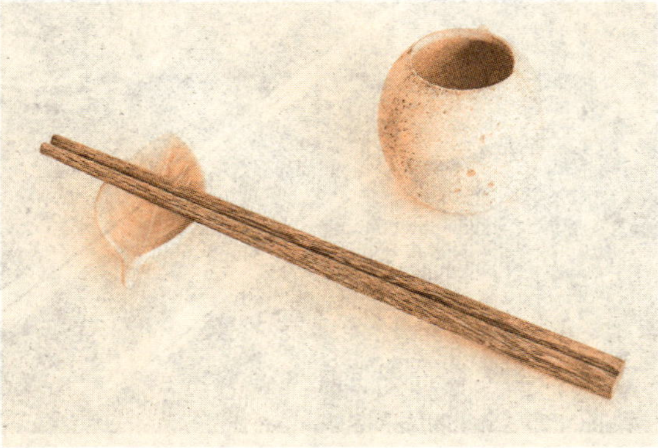

筷子

司马迁在《史记·宋微子世家》中写道："纣始为象箸，箕子叹曰：彼为象箸，必为玉杯；为杯，则必思远方珍怪之物而御之矣。舆马宫室之渐自此始，不可振也。"这虽是对纣王生活奢侈而引起朝臣恐惧的陈述，但从象牙筷所引发的宫廷事件中，为我们追溯箸的诞生与发展提供了有价值的文字史料。纣为商代末朝的君主，也就是说，我国在3100多年前已出现了精制的象牙箸。

中国很早就已经使用餐具，用勺子的历史大概有8000年，用叉子的历史约4000年，用筷子的时间上限还不确定，但至少已有3000年历史。餐叉直到战国时仍在用，河南洛阳的战国墓葬曾出土过捆成一捆的51枚餐叉。战国以后，餐叉可能被淘汰了，记载和实物较少出现。勺子和筷子在先秦时的分工很明确，勺子用来吃饭，筷子用来吃羹里的菜。

餐勺和筷子

筷子在先秦时代称为“梜”，汉代时已称“箸”，明代开始称“筷”。

民间关于筷子的传说有不少，一说姜子牙受神鸟启示发明丝竹筷，一说妲己为讨纣王欢心而发明用玉簪作筷，还有大禹治水时为节约时间以树枝捞取热食而发明筷子的传说。

明代陆容的《菽园杂记》中记载，吴中船民和渔民最怕船“住”，船停住了，行船者也就没生意了；他们更怕船“蛀”，木船“蛀”了漏水更是无法捕鱼，所以他们特别忌讳“箸”。在这种迷信谐音的观念影响下，人们见了“箸”反其道叫“快儿”，以图吉利。

虽然明代已有人称“箸”为“快”，但康熙皇帝并不承认民间将“快”加了竹字头的“筷”字，这可以从《康熙字典》中仅收录“箸”而不收“筷”得到证明。但皇帝也难以抵挡民间怕犯忌、喜口彩的潮流。在《红楼梦》第四十回贾母宴请刘姥姥一段中，曹雪芹三处称“箸”，两次呼“筯”，而四次直接写明“筷子”。

筷子在我国的使用一直都是有文字记载，而缺乏实物的佐证。中国厨房文化博物馆收藏的一个汉灶中发现的筷子浮雕，弥补了筷子实物佐证的空白，是已知的第一个实物佐证，其精致程度足以和现代的筷子相媲美，堪称国宝，具有极高的历史研究价值。这个筷子浮雕不仅能证明在汉代人们就已经在使用筷子，而且更能反映出当时人们富足的生活条件和多样化的生活方式。

38 别用手，拿叉子

关于叉子的历史有点模糊。考古证据显示，最早出现的叉子是烹饪叉，与现在常见的叉子不同，烹饪叉只有两个齿，主要用于准备或提供膳食。烹饪叉为古铜色或银色，这种叉子出现在古罗马时代，它们的用法因地区而异。

叉子是餐桌上的后来者。刀是从锋利的手斧演变而来的，手斧是人类最古老的工具之一；勺子则很可能是从当地用来舀起液体的东西演变来的。叉子形状的器具存在的历史要比其作为餐具的时间长得多。在古希腊，海神波塞冬挥舞着三叉戟，而凡人则使用大的叉子把食物从沸腾的罐子里捞出来。在古希腊人的餐桌上是没有叉子的，当时的人们是用勺子、刀尖和他们的手。

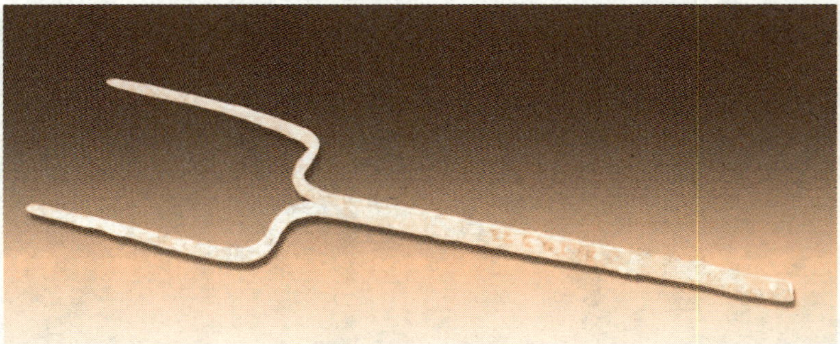

魏晋双齿铜叉

叉子在历史上断断续续地一路发展下来。在8、9世纪，一些波斯贵族可能已经在使用类似于叉子的东西。11世纪，拜占庭帝国已在使用叉子。这一时期的一本图绘手稿中，两名坐在桌子边的男子拿着有两个齿的叉子。

在叉子尚未被广泛使用的欧洲中世纪时期，大多数人吃干面包片时会用手将其直接送入嘴里吃，干面包片中可以夹着煮熟的肉和蔬菜，刀和勺子仅用来吃任何其他手不好拿的东西。

叉子最早由拜占庭传到意大利，1533年又跟着凯瑟琳·德·梅迪奇传到了法国，凯瑟琳是从意大利前往法国与亨利二世结婚的。16世纪的法国政治局面四分五裂，派系冲突暴力不断。凯瑟琳利用盛大的公开宴会来展示皇室的权力，食物是这种大场面的权力策略中的一部分。16世纪60年代，凯瑟琳在全国巡游了一年多，她寻求民众的支持，制定礼仪迫使那些敌对派系的人在她的宴会上共享美食。这期间，她的餐桌礼仪以及包括冰淇淋在内的美食，都不停地展示在公众的面前。

这一时期的大多数叉子都是两个齿的，要么是很大很重，用于按住肉以便切割；要么很小，主要是在进餐结束时吃甜食用。那时候叉子只会被偶尔用到。

在亨利三世时期，那些使用叉子的人生活水平应该不错，大部分人都有一套旅行时携带的餐具，随身带着刀叉的情况非常普遍，它们或被挂在肩上或被系在腰间。直到

17世纪后期和18世纪初，人们才开始为自己家里购买多套银器餐具，也是在这个时候，家里才开始有了专门用于吃饭的餐厅区域。同时，三个齿和四个齿的叉子也出现了。到了18世纪中叶，使用叉子已经相当普遍。

19世纪初，叉子在法国餐桌上已成为必不可少的餐具。此外，餐桌也已变成了一个社交生活的中心，不仅对贵族是这样，对于新兴的资产阶级而言也是如此。

18世纪前的餐具大多数都是银制的，因为这种金属与食物发生反应的程度最小。但银很稀有，后来，随着镀银技术的发明，出现了各种适合于不同阶层使用的叉子，同时也出现了各种各样分门别类的叉子。

叉子

39 咕嘟吧，火锅

冬天围在一个暖和的炉子旁边，上面支一口锅放入牛肉、羊肉、菇类、青菜等，这才是过冬的正确方式嘛！

红油火锅

在众多的饮食词语中，火锅属于少有的一词多义。它既是食品，又是炊具名称，还是传统饮食方法。古代的拨霞供、暖锅、仆僧指的是它；现在的毛肚火锅、清汤火锅、红油火锅、鸳鸯火锅、涮肉火锅、涮羊肉、白肉火锅、什锦火锅，也都是它的不同种类。

食物原料在火锅中烫涮成熟，它是炊具；火锅可以直接上餐桌，它又是餐具。通常，火锅可以用铁、铜、陶、铝等材料制成，大小均有，有的有耳，有的锅与炉相连，式样繁多。

大约1万年前，我国最早的容器——陶制的鼎就是作锅使用。把以肉类为主的食物通通都丢入鼎内，然后在底部生火将食物煮熟，成为一锅烩，当时叫作羹，这便是最早的火锅。只是那时还没有现在的盐等调味料，更没有酱，只是把一堆肉煮熟而已。体积庞大的鼎不能移动，只能固定在一个地方，不方便随时享用。

西周时期不但发明了铜器与铁器，且各种陶器也改良制作成较为小型的器皿，适合一般人使用。铜器与铁器的产生推动了器皿的革命，它们已与近代的锅子非常相近。铜制的锅子与陶制的砂锅到现在还是最实用、最普遍的火锅器皿，而从前的鼎则延伸为权力的象征了。

火锅的发展如同餐饮一样，是渐进式的发展。在三国时期，魏文帝提到的“五熟釜”就是分有几格的锅，可以同时煮各种不同的食物，和现今的鸳鸯锅可说是有异曲同

鸳鸯锅

工之妙。到了南北朝，铜鼎成了最普遍的器皿。至唐朝，火锅又称为暖锅。

今日火锅的容器、制法和调味等，虽然已经历了上千年的演变，但一个共同点未变，就是都用火烧锅，以水导热，煮食物。这种烹调方法早在商周时期已经出现，可以说是火锅的雏形。历经秦、汉、唐代的演变，直到宋代才真正有了火锅的记载。

林洪在《山家清供》中提到吃火锅之事，即其所称的“拨霞供”。他谈到自己在游武夷山时，在雪地里得一兔子，无厨师烹制。“师云，山间只用薄批，酒、酱、椒料沃之。以风炉安座上，用水少半铫，候汤响，一杯后各分以箸，令自夹入汤摆熟，啖之，乃随宜各以计供。”从吃法上看，它类似现在的兔肉火锅。

火锅是人们冬天最喜爱的美食之一，但是吃火锅也有许多饮食禁忌，稍微不当，就很有可能出现肠胃不适甚至中毒。首先，吃涮羊肉不宜单纯讲究肉嫩。很多人吃火锅认为七八分熟的羊肉吃起来才有味，但是这样容易感染旋毛虫。其次，吃炭火火锅的时间不宜过长。吃火锅时往往是人多房间小，室内温度高，空气不流通，室内缺氧，木炭燃烧不透，就可能会引发一氧化碳中毒。此外，火锅的配料多是肉类、海鲜和青菜等，这些材料混合在一起煮后所形成的浓汤汁中，含有浓度极高的嘌呤，极易引发痛风。

40 奶茶进化论

奶茶如今已经成为现代人生活中不可或缺的重要饮品，但这种时尚饮品其实也是有悠久历史的。

关于奶茶的最早记录出现在喜马拉雅地区，中国的西藏、新疆等地也有饮奶茶的习惯。不丹、锡金、尼泊尔等国家的茶叶主要来自印度半岛的斯里兰卡，而中国的茶叶主要来自云南、安徽、福建等地。

印度南方和北方的制茶技术不同，南方喜欢用“拉”茶法，北方喜欢用“煮”茶法。印度的奶茶在制作过程中加入了很多香料，例如肉桂、丁香、姜、胡椒等，因此有特别强烈的辛辣味。英、法、荷将印度的奶茶带入本国后，进行了改良，去除了香辛料并加入了本国的特色和牛奶。有香醇奶味的茶饮迅速被欧洲国家所接受，形成了有欧洲特色的奶茶。后来，荷兰人将奶茶带到了台湾，这成为台湾奶茶的原型。

据说，在台湾有两间店铺宣称自己是珍珠奶茶的发明者，一是台中市的春水堂，一是台南市的翰林茶馆。有一种说法是春水堂的女职员林秀慧于1987年将粉圆与冰奶茶、柠檬红茶融合、调配，发明出第一杯珍珠奶茶。另一说是由翰林茶馆的涂宗和先生于1986年在鸭母寮市场看到白色粉圆得到灵感，将其和奶茶混合所发明。珍珠奶茶也叫波霸奶茶，“珍珠”是淀粉、木薯粉、马铃薯粉等或果冻所制成的球状物，并加入水、糖及香料，其颜色、口感依成分不同而不同。

珍珠奶茶

在亚洲还有一个奶茶的重要分支，那就是香港奶茶。英国是当时重要的殖民国，占有和垄断相当多的茶叶和香料资源。英国皇室和上流社会都特别喜好茶饮，很多经典的奶茶都源自英国上流社会，如皇室奶茶、伯爵奶茶、花果茶等，因此英式奶茶本身就带有高贵典雅的气质，结合英式下午茶变成了当时英国上流社会非常时尚的一种生活方式。香港奶茶是在英式奶茶的基础上发展而来的，香港奶茶保留了英式奶茶精细的制作工艺，但将英式奶茶发展成为平民得以享用的饮品，真正普及了奶茶。

草原奶茶也称为咸奶茶。在我国内蒙古、新疆、西藏等高原游牧地区，牧民们会将茶叶制成茶砖，每次制作奶茶时先将茶砖打碎，倒入沸水中煮制，煮出茶汤后再倒入牛奶继续搅拌煮制，加入适量盐巴，待奶茶最后沸腾时即可出锅盛碗饮用。草原奶茶最大的特点就是有咸味，这也是由高原游牧地区独特的地理、气候环境和当地人的饮食习惯决定的。

咸奶茶

奶茶发展到今天，已经不仅仅局限于原来的一奶一茶简简单单的搭配了，而是各种元素的排列组合，各式各样的茶底、水果、酸奶、冰淇淋、代糖和各种小料的加入，让奶茶成为美味和时尚的结合体。

41 酱的演变

很多人对酱都不陌生，也吃过酱，而且几乎每个地方都有当地特色的酱。如果仔细想想的话，几乎什么食物都可以做酱，西瓜酱、西红柿酱、豆瓣酱、肉酱等，充分说明了人们对酱的喜爱。

酱

在古代，很多地方都吃酱并做酱，而且都是根据当地特产做成的。司马迁在《史记》中写南越的人“食蒙蜀枸酱”。我们看一些古诗词就会发现，酱是古人生活中必不可少的，且不是当成调料吃，而是当成一种食物或菜吃。

酱起源于何时？这个答案已经不可考，但有一点可以确定，那就是早在商朝时就已经有了酱，当时的总称是醢

(hǎi)。其实这是从一种酷刑中演化而来的，就是把人剁成肉酱，这还不算完，还要分而食之，可能是他们发现这样吃味道还不错，所以就有了后面的做酱，这里说的都是肉酱。到了周朝时，人们开始用植物或者草木类做酱，酱的种类变多，成为贵族们非常喜欢的一种美食。

明末清初时，《夜航船》中记载："燧人氏作肉脯，黄帝作炙肉，成汤作醢。"这里说商朝开国君王商汤最开始做酱。此外，传说中另有王母娘娘做酱，也有说周公旦做酱，这些都无法得到考证，只能是传说。

早在周朝时，可供贵族们食用的酱的种类已经非常多，并且设置了专职管辖，《周礼》中记载："食医掌和王之六食、六饮、六膳、百羞、百酱、八珍之齐。"意思是说食医掌管调和王的六种饭食、六种饮料、六种牲肉、各种美味、百十种酱类、八种珍肴。可以看到，这里仅酱类就百十种。《周礼》中还记载："膳夫掌王之食饮、膳羞，以养王及后、世子……凡王之馈，食用六谷，膳用六牲，饮用六清，羞用百有二十品，珍用八物，酱用百有二十瓮。"这里说膳夫掌管王的饭食、饮料、牲肉、美味，以供养王、王后和太子。凡馈送王的饮食，饭用6种谷物做成，牲肉用6种，饮料用6种清饮料，美味用120种，珍肴用8种，酱用120瓮。这里说的是酱120瓮，足以想象当时的王和贵族对酱有多依赖。但古人也不是乱吃的，什么食物配什么酱那是有一定的规矩的。

关于做酱，古代人有自己的一套方法，东汉尚书崔寔（shí）在《四民月令》中写道：“正月，可作诸酱，肉酱、清酱。”“四月，立夏后，可作鮦鱼酱。”“五月，可为酱。上旬楚狡切豆，中庾煮之，以碎豆作末都。至六七月之交，分以藏瓜。可作鱼酱。”

一直到宋朝前，酱都是古人餐桌上必备的一道美食。宋朝以后，酱的作用一步步降低。到了现代，酱的种类和食用人群其实还非常大，但跟古人比起来，我们对酱已经完全没有了依赖性。

香菇酱

42 茶

茶可以说是中国的国饮，源远流长，已有几千年的种植、采制和饮用历史。

茶叶

传说茶树存在的时间可追溯到2500万年前的新生代第三纪至第四纪之间。喜马拉雅造山运动导致冰封期的出现，茶树因温度太低而不再生长。只有在温度较高的东南沿海、华南、西南及华中一些地区，茶树的根得以保存下来，茶树继续繁衍生长。

魏晋南北朝时期的茶饮已从原来珍贵的奢侈品逐渐成为百姓都能享用的普通消费品，“粗茶淡饭”的观念逐渐形成。《广雅》中提到用葱、姜、橘子等作料与茶一起烹煮成羹，也有往茶中加米做成茗粥的记载。

南北朝以后，士大夫品茗清谈，坐而论道。饮茶的风尚形成，逐渐由南向北、自上而下地遍及全国。

唐代是茶文化走向兴盛的时期，也是茶叶产区扩大规模的时期。唐开元之后，饮茶活动达到空前规模，茶成为国饮。皇室专门成立贡焙，采造研制宫廷用茶。《封氏闻见记》记载，“城市多开店铺，煎茶卖之，不问道俗，投钱取饮”。

茶园

陆羽写成了世界第一部以茶为题的专著《茶经》，书中对种茶、采茶、茶具选择、煮茶火候、用水以及如何品饮都有详细论述。与唐之前茶主要用于药用或者粗放型的解渴相比，这是一个质变的过程。

唐代之后，虽经历了五代十国的纷争割据，但茶却未衰反盛，至宋代更为盛行。宋代制茶“盛造其极”，重在趣味，一方面是市民日常饮茶的世俗情趣，另一方面是文人追求的精致雅趣。宋人还发展了一些新颖独特的技趣性饮茶，如斗茶、分茶。

明代，中国饮茶法又发生了一次大的变革。洪武二十四年（1391年），明太祖废除福建建安团茶进贡，禁造团茶，改茶制为芽茶，也就是散茶，从此改变了中国人的饮茶习惯。这种散茶不需蒸青而直接烘焙，保留了茶叶的本色、真味。

明末清初，茶的饮法逐渐变成如今直接用沸水冲泡的瀹（yuè）饮法，这也极大地推动了绿茶、黑茶、白茶、黄茶、乌龙茶、花茶等茶类的迅速兴起和发展。

鸦片战争后，中国陷入半殖民地半封建社会的深渊，中国近代茶业也一蹶不振，处于衰落期。大批茶园荒芜，茶业逐渐陷入低谷，这种衰落局面一直延续到新中国成立。

新中国成立后，茶业也再次蓬勃发展起来。比如改造老茶园、改良茶园土壤、改善茶园管理、提高品质和劳动生产率等。

近些年，茶文化逐渐成为我国的热门话题，各种国际国内茶文化研讨会接连不断，各地茶叶博物馆、茶艺馆相继兴起，茶艺、茶道、茶礼、茶仪表演百花争艳，茶叶著论和书刊空前繁荣，中国茶艺繁花似锦。

43 亚欧大陆桥的焦点——土耳其

中国、法国、土耳其这三个国家的美食并称为世界三大菜系。因为影响力大，影响人数众多，同时本国的美食也丰富多彩，因此在世界美食文化中，这三大菜系可以说是重中之重。中国和法国毫无疑问是美食大国，那么土耳其菜又有什么特殊的地方呢？

土耳其美食：葡萄叶包饭、烤肉、抓饭、酿茄子、皮塔饼、橄榄、坚果和酸奶酱

地跨亚、欧、非三大洲的地中海是地球上最大的陆间海，沿海国家或地区共有22个，而处于这一文化辐射圈

的国家则超过30个。每个国家都有其专属的文化，也有独树一帜的烹饪风格，其中意大利、西班牙、葡萄牙、法国、土耳其、希腊、阿拉伯、摩洛哥、黎巴嫩等菜系在世界上流传较广。若要从如此众多的菜系中提取出共性，处于主导地位的两大文化来源就是罗马文化与伊斯兰文化。强大的罗马帝国将地中海变成了自己的内海，也让葡萄酒、橄榄油和面包成为地中海饮食文化的根基。穆斯林将香料的使用植入地中海菜系之中，与此同时，地中海文化还受到很多失落民族的影响，如迦太基、腓尼基、亚述、凯尔特人、西哥特人、吉卜赛人等。因此，尽管地中海文化本该是海洋文化，但它同时也具有游牧文化的特点。

罗马人与穆斯林先后在土耳其建立了横跨三大洲的强大帝国，这就能解释为何意大利菜流传如此广泛，但只有继承了这两大文化的土耳其，才最能代表地中海菜系。

土耳其土地肥沃，农业和畜牧业发达，这使土耳其菜形成了自己特有的包容性很强的烹饪体系。黄油、橄榄油、洋葱及各种香料是土耳其菜系最常使用的原料。蔬菜、肉食、豆类品种丰富，是土耳其菜的主要组成部分，蔬菜以洋葱、土豆、番茄、大蒜等为主要原料，而肉类则以牛肉、羊肉、鸡肉为主。肉类和奶制品的独特风味是土耳其菜系的一大特色，肉类的烹饪主要突出食材自身的风味，使口感达到完美。

土耳其烤肉是风靡世界的美食。土耳其最早是游牧民族，以牛、羊肉为主食，烤肉是他们最喜欢的吃法，各种烤肉串、烤肉排比比皆是，风味天成。他们还会制作各种肉丸用于烤制，甚至还会烤一些动物内脏吃。土耳其烤肉是土耳其最具代表性的特色美食。

土耳其烤肉

土耳其的美食格外有意思。一方面，人们想要吃出食材的本味，所以对食物的质量要求很高，力图吃到食物的原汁原味。另一方面，受到中东饮食文化的影响，香料在这里很流行，香料和食物的完美混合，就制作成了极具土耳其特色的美味大餐。

正是因为土耳其菜的多样化，在中亚、西亚和南亚地区都能找到土耳其风味的菜式，或是被土耳其美食文化影响了的美食。

44 欧洲标准——法国菜

法国菜是世界三大菜系之一，它在意大利菜的基础上，将西餐进行了标准化，对西餐文化的发展起到了重要的作用。

法国大餐：法棍、鹅肝、浓汤、甜品及其他

相传，16世纪意大利女子凯瑟琳嫁给法兰西国王亨利二世以后，把意大利文艺复兴时期盛行的烹饪方法也带到了法国。波旁王朝的路易十四成为法国国王期间，是法国的美食文化历史上最为绚丽辉煌的时期。路易十四在凡尔赛宫定期举办各种烹饪比赛，给获胜的厨师颁发Cordon Bleu奖。17世纪后，法国菜不断精益求精，对以往的菜肴使用所谓的新菜烹调法，并相互运用，调制的方式讲究风味、天然性、技巧性、装饰和颜色的搭配。

法国菜因地理位置不同而有许多地域性菜肴。法国北部畜牧业发达，奶油和乳酪花样繁多；南部则盛产橄榄、海鲜、大蒜、蔬果和香料。

法国菜的精髓在于新鲜的季节性食材和突出食物的原味，任何调味料、配菜甚至搭配的酒水，都只有一个目的——把主要食材的原味衬托出来。

法国菜在食材的选用上较偏好牛肉、小牛肉、羊肉、家禽、海鲜、蔬菜、蜗牛、松露、鹅肝及鱼子酱，在配料方面多采用大量的酒、牛油、鲜奶油及各式香料。在烹调中，火候是非常重要的一环，如牛、羊肉通常烹调至六七分熟即可，海鲜烹调时须熟度适当，不可过熟。尤其在酱料的制作上更费功夫，其使用的食材很广泛，无论是高汤、酒、奶油、牛油还是各式香料、水果等，都能物尽其用。

法式焗蜗牛

法国是世界上引以为傲的葡萄酒、香槟和白兰地的产地之一，因此，法国人对酒在餐饮上的搭配使用非常讲究。在饭前饮用较淡的开胃酒，食用沙拉、汤及海鲜时饮用白酒或玫瑰酒，食用肉类时饮用红酒，而饭后则饮用少许白兰地或甜酒。另外，香槟多用于庆典，如结婚、生子、庆功等。据说，法国人动脉硬化和心血管病的患病率在欧洲国家中最低，就归功于葡萄酒。

法国的奶酪也非常有名，种类繁多，通常食用时会附带面包、干果、葡萄等。另外，法国菜在享用时非常注重餐具的使用，因为这些均可衬托出法国菜高贵的气质。

正统的法国餐有五六道菜，但目前已有简化的趋势，一般来说，可以选择沙拉、甜点或是汤、主菜、甜点，大概三到四道菜。沙拉通常是在吃完主菜后才上的，目的是清除主菜残留在口中的味道。

2012年，法国受经济不景气的冲击及年轻人饮食习惯改变的影响，传统昂贵而精致的美食在整体的价格及水准上皆有日益下滑的趋势，越来越少的法国人愿意花天文数字般的价格只为了吃。法国的两大权威美食评论宝典米其林和高特米优开始倡导物美价廉的新饮食文化，很多过去高不可攀的餐厅都试着大幅降价以吸引更多的食客前往就餐。

45 海盗与自助餐

很多人喜欢吃自助餐，因为这样可以吃到各种自己喜欢的食物。同时，在现在推崇节约的社会氛围下，很多大型会议用餐也是选择自助餐的形式。那么，你知道自助餐这种就餐形式的来源吗？

自助餐

经考证，自助餐居然最早是由斯堪的纳维亚半岛的维京海盗发明的。海盗的生活物资主要靠抢劫，他们性格比较粗暴，经常洗劫欧洲西北部的商路和城堡，杀人放火之后还能抢到很多食物。维京海盗并没有什么用餐的礼仪，往往将抢来的食物放在一起，碰到好吃的就一起上去抢，经常因为食物分配问题大打出手。后来，他们就用容器把所有食物分开，自己去取想要吃的食物，这就是自助餐的最早形式。

还有一种说法是，海盗去餐馆用餐时要求餐馆把所有的食物按类别分装到容器内，酒水都按序摆好，他们喜欢吃哪种就吃哪种。这种用餐方式不被大家所接受，被视为原始的、不文明的行为。可是后来餐厅老板却发现了其中的商机——正规的用餐方式浪费现象比较严重，而这种自助餐顾客吃多少就取多少，避免了浪费，还不用服务员在一旁服务，节省了雇佣服务员的开支。

把按菜品收费改成按人头收费，不仅让消费者获得了实惠，餐厅也节省了不少原材料的开支。当这种用餐方式正式推广后，最初不被认可，之后由于价格上的优惠，不少消费者得到了实惠，餐厅迅速火爆，这种用餐方式也迅速蔓延到整个欧洲。

北欧的瑞典人把维京海盗的这种用餐形式传承下来并加以文明化。16世纪中期，自助餐在瑞典初具雏形。18世纪，自助餐在瑞典成为一种在正式的晚餐前较为随意的餐饮形式。最初，瑞典自助餐提供的所有食物限于用叉和勺就可以吃的东西，刀具被严格禁止。当时，自助餐的饮品包括咖啡、茶、热巧克力、宾治酒，食物则包括各种芝士、肉卷、腌制三文鱼、三明治等。

在1939年美国纽约世界博览会上，瑞典为了展示本国最好的食物，在世博会国际展区搭起台子，以自助餐的形式让参会的人们品尝瑞典食物。借助世博会的展台，自助餐这种方便、快捷又能一次性品尝多种食品的饮食方式迅速传遍全世界。

自助餐进入亚洲的第一站是日本。大约在1958年，东京帝国酒店最先开始引进自助餐，把所有的食物都分类放到容器内，食客根据自己的喜好拿取食物，这种用餐方式在当地十分流行。自助餐进入我国是20世纪80年代。随着我国对外开放，不少酒店采取自助餐形式。自助餐进入我国后，经过不断改良已经变成了大众所接受的，价格低廉、菜品全面的一种用餐形式，受到很多人的喜爱。

自助餐

46 日本料理成长史

日本菜肴如日本文化一样，多是接受海外的影响，后在当地加工改造，从而成为独具日本风味的菜肴。日本菜肴被称为“日本料理”或“和食”。

日本料理

从绳文时代到公元前后，日本民族基本上以采集野生食物和狩猎为生。他们最初只食用植物性食物，后来发展为食用鸟兽等动物性食品，进而到大海捕捞鱼类，随着文明的发展，又学会火烤、水煮并加作料调味。从公元初期到7世纪，日本民族从游牧转为定居，开始农耕生活，这给饮食生活带来重大变革。就在这一时期，日本人学会了种稻和饲养牲畜，有条件将主副食分开，并在做菜肴时添加作料。也就是在这个时期，奠定了日本菜的基础。

奈良时代，日本上层人士开始与中国交往，带回了中国的饮食文化和宴请制度。当时佛教已传入日本，日本开始禁吃肉食，人们有余力过节并举办祭祀活动。这时杂煮和屠苏酒等节日食品问世。

平安时代，贵族势力兴旺，社交活动频繁，促进了日本菜系的形成。食品有了剩余，需要进行储存，食品种类也有所增加，当时的记载有200多种。但由于交通不便，贵族与平民的食品质量相差很大。

镰仓时代，贵族没落，武士兴起。武士经营庄园，促进了农耕的发展，物产更丰富了。日本人从吃粗米进化到吃半精米，同时为改善生活开始腌咸菜。人们为了增强体质，开始寻找药物食品并用茶来养生。

室町时代，禅宗和茶从中国传入日本，从而诞生了怀石料理。由于日本菜肴烹饪得愈来愈好看，上层人士开始以食品为馈赠物品。在国际交往中，日本也吸收了外国的长处。当时中国人围八仙桌吃饭的形式传入日本，日本民族称其“桌袱菜”。葡萄牙的天妇罗传入日本，也在东瀛安家落户了。

江户时代是日本菜去粗取精的集大成时代。这一时期，既发展了日本自古以来的饮食文化，又依日本自身情况将中国菜等本土化。江户时代出现了宴席菜，日本称会席菜。聚会多，宴请多，促进了日本食品的发展。生活富裕了，供神、祭祀变得普遍，出现不少祭祀用食品。

日本的会席料理

明治维新促使日本的饮食进一步发展。日本人把西餐带进自己的生活中，牛肉、面包、黄油被搬上了餐桌。饮食的丰富多彩，标志着人们文化和健康水平的提高。日本菜种类很多，各地均有自己的地方风味，关东菜、关西菜的味道也不尽相同。关东菜主要指东京菜系，有味浓、偏甜的特点，受人欢迎的江户杂煮就是有代表性的一种关东菜。江户时代曾是武士的天下，在菜肴上也显示出武士的气质，因此人们说关东菜是男性菜。关西菜主要指京都、大阪有代表性的菜肴。京都由于水质特别好，用蒸煮法做出来的菜很可口，如汤豆腐、蔬菜类的菜肴。

47 贵族的发明、工人的最爱——三明治

要说一个人即便对厨艺一窍不通，也应该至少能做出两种美食：一个是方便面，另一个就是三明治。三明治是在面包中加入肉类、蔬菜和酱料，碳水化合物、脂肪、蛋白质、维生素都全了。那这种美食是怎么产生的呢？

三明治

其实早在“三明治”这个词被发明出来之前，世界上就已经有了三明治。三明治最早的起源可以追溯到犹太人著名的四大拉比之一的希勒尔。据说在公元前1世纪，希勒尔就已经在逾越节上把羊肉和药草夹在面包里享用。这是有史料记载的最早的、最像三明治的吃法。

另外，中世纪的时候，贵族们会将腐坏掉的面包作为

盘子，盛装一些食物。用餐完毕后，这些被食物汤汁浸染过的面包盘子会被分给乞丐或者狗食用。这些面包盘子可以说是开放式三明治的早期雏形。

而三明治最早作为名词被记载，是在18世纪历史学家爱德华·吉本的文章里。在一篇文章中，他把小块冷肉称作sandwich。这个命名源自18世纪的一位英国伯爵约翰·孟塔古，桑德威奇伯爵四世（4th Earl of Sandwich）。据传，这位伯爵特别喜欢玩牌，到了废寝忘食的地步，他的仆人只好把肉、奶酪和蔬菜夹在面包里，让他在玩牌的时候也可以填饱肚子，又不会让碰过食物的手弄脏牌。这位伯爵在玩牌时兴之所至，就用自己的爵位命名了这个食物——Sandwich。因此，在18世纪，三明治通常被视为夜晚赌钱娱乐时填饱肚子的食物，后来渐渐发展成为贵族们的宵夜。

到了19世纪，工业社会的发展让三明治在英国和西班牙成为广受工人阶级欢迎的食物，因为它方便、顶饱，非常适合外出工作时食用。

20世纪，面包成为美式饮食中的典型代表，搭上这趟顺风车的三明治，开始在全球风靡起来。

三明治中的馅料相当多元，不只牛肉，蟹肉、鱼肉、虾和香肠等都可以夹在其中。三明治的样式也有很多。圆面包中间切开加上配料是什么？汉堡。是的，汉堡其实也是三明治的一种。意大利人会用夏巴塔面包和佛卡恰面包制作成有意大利风味的意式三明治。而法国人喜爱的法式三明治的制作原料则是法棍面包和羊角包，这两种面包的口感相去甚远，即便使用相同的配料也能做出不同的风味。

在远离欧洲的美洲自然也少不了类似的美食。墨西哥人用玉米面制作的U形玉米饼塔可，在广义上也算是三明治，和塔可类似的还有发源于中东的皮塔饼。

在众多三明治中，给笔者留下深刻印象的是来自越南的Bánh Mì。Bánh Mì直译成汉语就是面包的意思，通常翻译为越式法包或越式三明治，这是一种东西方杂糅的美食。作为法国的前殖民地，越南人对法式美食进行了再创造。在制作法棍的过程中为了使其口感松软，越南人在面粉中混合了米粉，而配料则包括了烤肉、肉糜、火腿、肉冻、腌萝卜、辣椒、香菜、花生等，最后淋上极具东方特色的鲜味露，再抹上美乃滋，咸辣香甜等多种味觉体验和多层次的口感，让人欲罢不能。

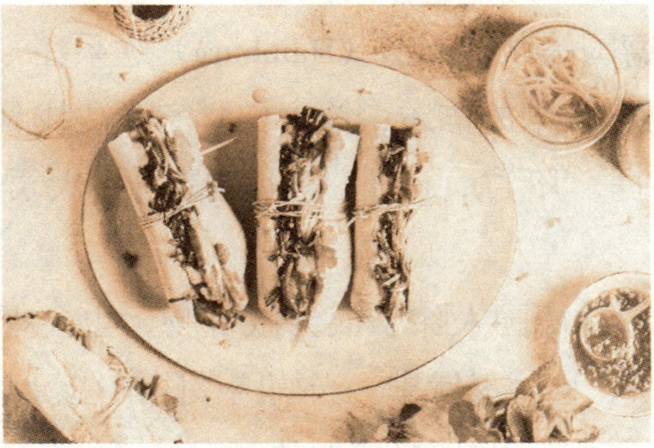

Bánh Mì

48 不光有肯德基和麦当劳——汉堡

说起汉堡，很多人的第一印象大概就是肯德基和麦当劳——国际连锁快餐的影响就是这么大。

汉堡

汉堡是怎么出现的呢？很多人将汉堡（Hamburger）的得名与德国的城市汉堡（Hamburg）联系在一起。根据《汉堡的历史》中的描述，饮食史学家无法找到汉堡人吃汉堡的证据。不过，汉堡人对汉堡的最大贡献在于汉堡排。

19世纪，德国人除了很会做香肠，也会把牛肉剁碎做成牛肉饼，称为汉堡排。当德国移民前往新大陆，汉堡排也进入了美国。汉堡排的做法其实是一种节省食材的方式，碎牛肉原本只能做成香肠、熬汤或是被丢弃，但是汉堡排混合了碎牛肉和洋葱，经过挤压之后放在铁板上煎制，肉汁与洋葱的香味混合，成为既便宜又美味的食物。

汉堡的起源众说纷纭，美国的许多城市都在竞争这一头衔。据说威斯康星的 Hamburger Charlie 在 1885 年卖出了第一个汉堡，而康乃狄克、俄亥俄、得克萨斯等地都有人宣称在同一时期制造出了第一个汉堡，甚至俄克拉荷马的州长曾经表示汉堡是本州首创。

19 世纪晚期，美国进入工业化之后，工人中途不可能回家吃饭。此时美国不少地方都出现了快餐车，在工厂外或是公园旁，提供迅速、便宜的一顿饭。汉堡和热狗在这个时候成为大众的选择，差别在于汉堡必须使用新鲜的碎牛肉，当时被称为汉堡三明治。三明治在英国主要放在餐盘中，汉堡则是用手拿着吃。由于快餐车不提供刀叉，且汉堡用手拿着吃的方式影响了三明治的吃法，三明治也逐渐不再使用刀叉和餐盘。

随着越来越多的美国人拥有了汽车，外带的需求也就随之增长。白色城堡成为第一家汉堡连锁店，在美国开起多家分店。同一时期，温蒂汉堡则以大个汉堡在市场上闯出名号。汉堡和薯条本来并没有联系，由于第二次世界大战期间美国实施粮食管制，其中又以对肉类的管制最严格，当时的汉堡业者便寻求其他热量替代品。肉变少，就加个蛋，大小和原来的汉堡差不多，热量的补给也充裕，如果还是吃不饱，再配个炸薯条，迅速补充热量。

1940年麦当劳开业了，是由麦当劳两兄弟理查德和莫里斯在加州圣贝纳迪诺创办的，最初的名字叫作麦当劳烧烤，没有金拱门，也没有麦当劳叔叔。麦当劳对汉堡的最大贡献在于速度，他们采用生产线的模式，使得一餐的准备时间在30秒之内完成。而且麦当劳改变用餐模式，要求客人排队点餐、取餐，吃完饭之后再自己收拾，改变了以往服务生要到桌前点菜和送餐的模式。1955年，商人雷·克拉克收购了麦当劳兄弟的股份，以连锁的方式进行推广，麦当劳才成长为现在的样子，因此雷·克拉克被认为是麦当劳真正意义上的创始人。

麦当劳快餐

49 意大利人看不上美国人——比萨

如果提到快餐，你最先想到的是什么？也许很多人都会脱口而出“汉堡”“薯条”，但是笔者在国外留学的时候最常吃的快餐实际上是比萨。

比萨

在许多西方人心目中，比萨就是一种外卖食品。不同于在中国市场将自己定位于“欢乐餐厅”的必胜客，在欧美市场的必胜客通常是路边小店，不提供堂食，或仅利用狭小空间局促地摆上桌子，而顾客通常也不会选择在店里吃比萨。

比萨是谁发明的？不好说。早在公元前500年，中东人和地中海人就开始以在小面饼上码枣子、芝士或香草和橄榄油的方式进食了。到了1500年前后，意大利那不勒斯的贫穷希腊移民喜欢在面饼子上铺满食材吃。比较常见的食材搭配有番茄配芝士，或者橄榄油加蒜和凤尾鱼。

在18世纪后期，Pizza这个名称在那不勒斯诞生了。那不勒斯是当时欧洲最大的城市之一，发展迅速，在海外贸易和农村人口不断涌入城市的推动下，1748年当地人口就暴增了两倍多。人口的增加加速了城市人口的两极分化，城市内出现了很多贫困居民。他们大多从事重体力劳动，需要便宜且易于食用的食物，比萨刚好满足了这个需求。当时比萨的售卖方式是路边摊，类似于中国的煎饼果子。大仲马在他的书中曾提到当时的比萨有很多口味，有最简单的大蒜口味，有加入了奶酪和银鱼的口味，还有西红柿口味的。那时比萨代表穷人，被认为是一种上不了台面的食物，美食家对这种在底层流行的食物视而不见，食谱中也绝不会收录比萨。

但在意大利完成国家统一后情况出现了变化。1889年，玛格丽特王后厌倦了繁复的法餐，因此御厨特地为王后准备了具有意大利特色的食物，其中就包含比萨。这种比萨上的马苏里拉芝士、番茄和罗勒叶组成了意大利国旗的颜色，王后非常喜欢，随即这种比萨被命名为玛格丽特比萨。

在最传统的意大利美食家眼中，比萨的口味是固定的、有限的，而饼边一定是薄脆的。这是经过原产地认证的。

比萨传到美国也是拜意大利移民所赐。1905年在曼哈顿，美国的第一家比萨店Lombardi's开业了。

第二次世界大战后，比萨突然席卷了整个美国，这与在意大利征战过的美军士兵密不可分。1943年，芝加哥的比萨名店Uno Pizzeria & Grill创造出了传说中的深盘比萨，意大利人对这种比萨嗤之以鼻，而让意大利人更加深恶痛绝的还在后面。1995年，美国人发明了stuffed crust pizza，也就是在比萨的饼边中填充芝士。意大利人完全无法接受这种对于自己本民族食物的篡改，他们对美式比萨的厌恶和他们对美式咖啡的厌恶并驾齐驱。

时至今日，我们有了各式各样的比萨，包括夏威夷水果比萨、BBQ比萨、金枪鱼土豆比萨，甚至泡菜比萨、宫保鸡丁比萨、孜然羊肉比萨等。

比萨

50 峇峇与娘惹

"Baba and Nyonya"，中文译为"峇峇与娘惹"，有人也把他们称为"Peranakan Cina"，意思是"土生华人"。

有关峇峇与娘惹的由来，至少可以追溯到明清时期。那时，许多到新加坡和马来西亚讨生活的中国人在当地落地生根后，选择了和当地的土著或马来人通婚，他们生下的混血后代中，男的称为"峇峇"，女的则称为"娘惹"。

峇峇与娘惹大多来自英殖民时期的新加坡、马六甲、槟城这三个地方。在那个普通话尚未普及的年代，夹带着南方方言的中国人和口中说着马来语的马来人或当地土著通婚后，让"闽粤方言+马来语+英语"的语言模式成了峇峇与娘惹的特殊语言——峇峇马来话。

峇峇与娘惹除了在语言上的混杂之外，在许多生活细节上既有中国人的特点，又有马来人的特点。

由于土生华人秉承了"男主外，女主内"的传统，所以许多经典的料理都出自女性之手，因此这些料理也被称为"娘惹菜"，如果用一句话概括其特色的话，就是味觉和色彩的完美结合。娘惹菜是当地土生华人延续祖先烹调方式，加入了广东、潮州、客家、海南等地的烹饪特色和食材，以各式咖喱、香草叶和柠檬为主，结合南洋香料碰撞出来的特色美食。

娘惹菜惯用小葱头、蒜头、姜、南姜、山姜、香茅、香花菜、辣椒、薄荷叶、亚参膏、峇拉煎、肉桂、兰花、酸柑、斑斓叶等调料，又以参峇辣椒酱、干虾酱等调味，同属东南亚偏酸辣的一支，自成一派。

娘惹菜不仅融合了甜酸、辛香、微辣等多种风味，对于香料的使用也有独特的风格。一般的酱汁菜肴会融合多种南洋香料，如蓝姜、黄姜、香茅、洋葱、斑斓叶、亚参、酸柑、参巴辣椒、椰浆、玉桂、石栗等，看起来和马来菜或印度菜很相似，但味道却有差别。例如亚参鱼，看似咖喱鱼，但味道却偏酸，里面也没有放椰浆，还能尝到鱼肉的鲜甜味。娘惹菜的厉害之处就在于此，不仅能尝到食材本身的味道，也能感受到各种香料丰富的层次感。

娘惹菜中最负盛名的一道便是叻沙（Laksa）。它的配料种类众多，烹调细节烦琐，所需香料都是用舂手工捣碎，再将洋葱、南姜、黄姜、香茅、红辣椒炒出香味，加入煮熟去骨的鱼肉和椰浆一起用土锅熬制，光是准备工序都要颇费一番工夫。吃的时候加入虾、鱼片和粗米粉，然后撒上麻疯柑叶、姜花和酸柑汁。在娘惹当地贩卖叻沙的餐厅都会有自己独有的秘方，让人一尝难忘的不在少数。

Nasi Lemak 也是娘惹料理的重头戏。Nasi Lemak 即“椰浆饭”，传统的椰浆饭就是把饭先浸泡在浓浓的椰浆里，之后再蒸熟，同时还会配上炸江鱼仔、炸花生、切片黄瓜、鸡蛋等配菜。

叻沙

椰浆饭

51 太空食品

太空食品是指专门为太空飞行员和宇航员准备的食物。由于太空环境与地球环境大不相同，太空舱内的空气和水都需要经过严格控制，且太空食品要求长储存期和低质量、小体积，因此太空食品从设计到生产、测试、认证等方面都充满巨大的挑战。

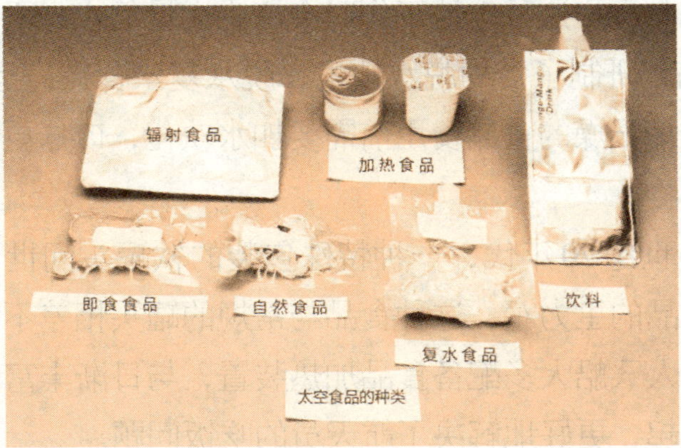

太空食品

20世纪60年代，苏联将第一位航天员送上了太空，并着手建造空间站，同时开始了太空食品的研究。在排除了难以下咽的片剂食物后，苏联专家研制出第一代太空食品：一种牙膏状铝管包装的高度浓缩、便于吸食的流质食物。航天员进餐时，用手挤压管壁，将食物直接送入口中；当航天员穿着加压的航天服时，则通过头盔进食孔进食。

随着航天技术的不断发展，太空食品也摆脱了单一的牙膏形态，朝着多样化的方向发展。

为了解决食物碎屑的问题，工程师们研制了一口大小的小块即食食品，这种食品为含中等水分、一口大小的压缩成型或用涂膜处理的干燥食品等。小块食品体积和质量小，便于携带，进食方便，一口一个的分量也有效避免了撕咬食物产生的碎屑在舱内飘动。

20世纪60年代中后期，载人飞船开始采用氢氧燃料电池作电源。这种电池工作时会产生大量的水，于是科学家们配套研制了食物脱水技术，脱水复水食品应运而生。这种冷冻干燥的食品食用前需要加水软化，口味更接近于普通食物。

20世纪70年代，一种特殊包装的软罐头问世，成为太空食品的主力军，这种食品与常规的罐头相差不大。此后的载人飞船大多配备食品加热装置，与日渐丰富的食品菜谱一起，更好地解决了航天员的吃饭问题。

2003年神舟五号发射，杨利伟作为中国首位航天员在太空中食用了我国第一代太空食品，不过这个过程显然称不上享受。杨利伟的食物主要是类似能量棒的一口大小的点心，点心上面附有可以食用的保护膜，防止食物掉渣。时值中秋佳节，杨利伟的菜单里自然也少不了小月饼，让单调的太空餐增添了几分中国特色。

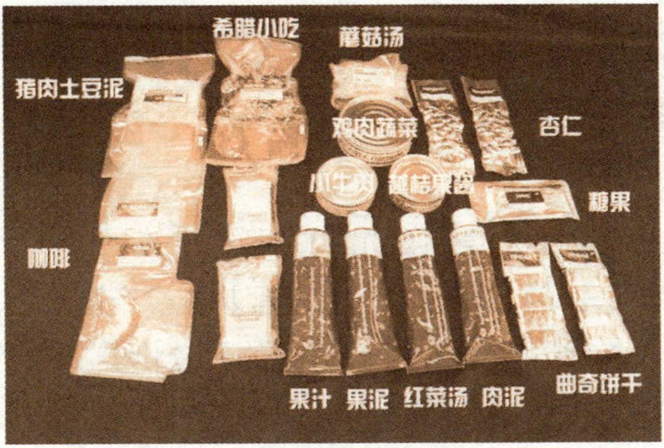

俄罗斯航空食品套餐

到了神舟六号，食物加热器让航天员能够吃到热饭，总的食品种类增加到四五十种，甚至饭后还有冻干冰淇淋当甜品。神舟九号基本可以保证航天员在航天任务中每天菜品不重样，且食物的形式开始以软罐头为主。到了神舟十号，食物种类进一步丰富，新鲜水果首次进入太空，后勤还可以针对每位航天员的口味定制食谱。

太空食品乃至太空技术的发展，不仅仅是出于航空航天的需要，它与人们的生活同样息息相关。我们经常能接触到的方便面里的脱水蔬菜包，其技术来源正是脱水干燥的太空食品；常用的微波炉也是得益于空间站需要为航天员加热食品。太空食品的发展史见证了人类太空探索的历史，也见证了人类对食品科技的不断探索和创新。未来，太空食品仍将与生命科学、生物技术等科技交融，更加安全、健康、营养丰富地满足人类太空探索的需求。

52 美食的意义

从公元前500年到公元400年间，欧亚大陆上兴起的帝国几乎全部以大麦、小麦为饮食基础。帝国统治者要想维持一个帝国，就必须拥有足够的粮食供养庞大的军队、官僚阶级，同时又不能让粮食的产出者陷入贫穷与困苦。古代中国经常会发生天灾人祸导致的粮食短缺，在乱世谁能提供粮食谁就能获得影响力，在太平盛世粮食依然是每个国家的命脉。因此，食物成为一种实实在在的权力资源。

食物也是一种资源

春秋时期政治家管仲的治国理念中，最重要的一点就是要物质充足，“仓廪实而知礼节，衣食足而知荣辱”。作为政治家，管仲已经看到了食物带来的权力，这种权力表现在对伦理纲常和礼仪方面的维护。对于统治者而言，食物已经超越了实际用途成为一种代表。从战争和土地中获得财富的权贵们发现，追求过度奢华的精致饮食不仅能巩固他们与朋友、同盟之间的关系，还能强化他们的社会等级。

在罗马帝国，饮食分为不同层级，分别适用于相应阶级的人食用。一个人的社会等级越高，能吃到的食物就越珍贵。人们为了贴合阶级与身份认同的需求建立起了一种饮食理论，不亚于权贵们对宫室、衣物、面子的需求。

另一方面，由于物质资源的匮乏和饮食资源的有限，禁止某些特定的食物、烹饪方式或者进食方式，就可以起到建立身份认同的作用。例如在大型祭祀仪式之后，什么样的人可以分得什么样的食物，都是有明确规定的。

中国的饮食从周朝起就被赋予了更多的价值。与饮食配套的礼仪成为权力的象征，如果不按照礼仪制度用餐，再名贵的食材也无法达到阶级区分与身份认同的目的。同样一种普通常见的食材，只要遵守礼仪食用就会显得与众不同。中国历史上也有“赐食”与“让食”的行为。赐食表现出地位较高一方对地位较低一方的尊重，而让食在大多数时候则表现为地位较低一方对地位较高一方的仁爱或自谦。

奢华精细的饮食中国也有，但中国的价值观对这样的饮食一般持批判的态度。并不是人们不想品尝这样的美食，而是在中国的饮食观念中，文化的影响力非常大。中国文化中对于理想社会的描述素有“天下大同”的形容，而智者们认为奢侈风导致了农民的贫穷，对于粮食的奢侈会催生出浪费，并且使人民骄傲自大，缺乏美德。然而帝国的阶级性质导致这种伦理崩塌，当人们对于自己的饮食需求产生迷茫时，道教中有关养生的思想则引领中国的饮食哲学走向了自己的独特方向。

食物与人类的关系如此紧密，正因为这种紧密，食物也成为一面反映人类文明的镜子。通过食物的发展和变化，研究背后符号化的改变，我们能够感受到人类改变的加速。当面对如今各种美食的诱惑及其各种附加值时，我们需要意识到能够选择良好的食物本身就是自由生活的进步，这种选择需要让我们明智地对自己选择的食物负责。

各式各样的食物